KB245843

아이러브
카페 쓰아다

지랄 맞고 시건방진 미꼬씨의 베트남 여행
아이러브 **카페쓰아다**

초판 1쇄 찍음   2010년 7월 10일
초판 1쇄 펴냄   2010년 7월 15일

지은이   김기연
펴낸이   유정식

편집디자인   이승현 · 선형남
표지디자인   이승현

펴낸곳   나무자전거
출판등록   2009년 8월 4일 제 25100-2009-000024호
주소   서울 노원구 상계3 · 4동 60-1번지 성림 101-406호
전화   02-6326-8574
팩스   02-6499-2499
전자우편   namucycle@gmail.com

ⓒ김기연 2010
ISBN : 978-89-964441-1-4(13980)

이 도서의 국립중앙도서관 출판시도서목록(CIP)은 e-CIP 홈페이지(http://www.nl.go.kr/ecip)에서
이용하실 수 있습니다.(CIP제어번호: CIP2010002391)

지랄 맞고 시건방진 미꼬씨의 베트남 여행

아이 러브

카페 쓰아다

김기연(미꼬씨)
찍고 쓰다

I Love
Ca Phe
Sua Da

나무자전거

"이번에는 어디로 가는 거야?"
"베트남."
"왜? ……."
나의 대답에 다들 의아해 한다. 왜 하필 베트남이냐며.
"왜냐고 물으신다면, 그냥이라고 답하지요."

베트남.
바람에 하늘하늘 나풀거리며 살짝살짝 속살이 비치는 하얀 아오자이,
바람결에 긴 생머리를 흩날리는 가녀린 베트남의 여인들.
환상의 무릉도원 하롱베이,
결혼 못한 한국의 노총각들이 젊디젊은 꽃다운 나이의 신부를 데려오는 나라.
한 번도 전쟁에서 져본 적이 없지만,
가난에 허덕이며 점점 자본주의가 깊게 물들어가는 공산국가.
수많은 자전거와 오토바이, 혼을 쏙 빼놓는 베트남 사람들,
눈뜨고 하루에도 수십 번씩 당하는 사기.
그래, 베트남은 그런 나라다.

늘 바쁜 내 여행.
나보다 더 바삐 움직이는 베트남에서 나는
여유를 부리는 게으른 여행자가 되기로 했다.
굳이 애쓰지 않았음에도 베트남에서 하루하루 지내니
나는 어느새 여유롭다 못해 진짜 게으른 여행자가 되었다.

하지만 사기꾼 장사치들에게는 호락호락 당하지 않으려 했고,
자전거를 타며 낯선 골목에서 만나는 현지인들에게는
환한 미소로 인사해주는 것 또한 잊지 않고 다녔다.

결코 담백하지 않은 지랄 맞은 미꼬씨만의 90일간의 베트남 여행을 펼쳐보려 한다.

Thank to...

나의 여행에서 절대 빼놓을 수 없는 쫑아, 친절한 승필 군, 유쾌한 수원 4인방 영만, 이훈, 동주 그리고 정주, 기타 치며 노래하는 약대생 수노, 배낭여행을 하는 정동훈 의사 선생님, 도도하게 생겼지만 누구보다 여린 마음을 가진 연주, 태국을 진정 사랑 하는 켄짱, 지금은 비록 살이 빠졌지만 나의 영원한 하얀 돼지인 화이트 피그 유찬 이, 친화력 최고인 깜찍한 송이.
나의 고민과 푸념을 누구보다 잘 들어주는 준성 군, 내 영원한 친구이자 동생인 미우 씨, 새침떼기 공주 은진이, 아들 둘을 키우느라 슈퍼맘이 된 연화, 여행의 인연으로 나의 사람들이 된 은희 언니, 인자, 장미, 소영이 그리고 막둥이 현화, 필리핀에서 달 콤한 신혼에 빠져 사는 로버트 용식이, 세상에서 제일 바쁘게 사는 음악 하는 홍콩 파크모텔 사장 영호, 방콕 길거리에서 우연히 만나 알고지난 지도 2년이 넘은 배트 맨을 좋아하는 오경민 군, 내 부탁이라면 거절하지 못하는 정주, 주절주절 내 이야기 를 늘 항상 잘도 들어주는 성미 그리고 지랄 맞고 시건방진 미꼬씨의 블로그를 사랑 해주시는 블로그 이웃님들……,

나의 치부를 서슴없이 건드려 주는 성은이, 늘 다정하고 친절한 서호주관광청 김연경 이사님, 시니컬한 B형 여자 유진이, 감성이 풍부한 그림을 그리는 현정이, 단 한 번의 인연으로 소중한 사람이 된 야후 코리아의 정은이, 어느 날 갑자기 공무원이 돼버린 능력 있는 민정이, 미꼬씨의 피부를 언제나 생각해주는 스카이 성형외과 유숙영 과장님, 사진을 너무 잘 찍어 부러운 은정이 그리고 예쁜 책으로 만들어준 디자이너 이승현 님과 선형남 님.

각자의 삶이 바빠 이제는 제대로 얼굴 한 번 보기도 힘들어진 내 인생에 가장 중요한 순간을 함께했던 셀디 식구들, 초절정 닭살 부부 웅탱이와 난감 씨, 가끔 만나도 늘 웃는 얼굴로 편안함을 주는 윤미 언니, 나와 가장 닮아 제일 친하고 제일 많이 다투는 정 여사님, 등산의 매력에 흠뻑 빠지신 김 사장님, 밝은 눈으로 세상을 보게 해주고 베트남 여행에 크나 큰 도움을 주신 강남하늘안과 이창건 원장 선생님, 메신저에서 나의 수다 파트너 태림 양, 이제는 나무자전거의 한 가족이 된 배낭돌이 상용이, 배짱이 수진이, 김치군 상구, 꿈꾸는 여행자 푸른솔 김기환 님, 돼랑이 음악가 데이즈 형준이, 하루님 진희 씨, 무모한 악동 현진 군, 이니그마 영광 씨 그리고 미꼬씨의 베트남 여행과 글이 가능하게 해주신 우리두리 유정식 님.

친절한 도쿄 보이 타쿠야(Takuya), 이번 베트남 여행의 소중한 추억이 된 일본인 같지 않은 나의 그리운 일본 친구 코스케(Kosuke), 그리고 이 책이 나오게 도와주신 분들과 지금 이 책을 읽고 계신 여러분 모두에게 쌩유!

2010년 6월

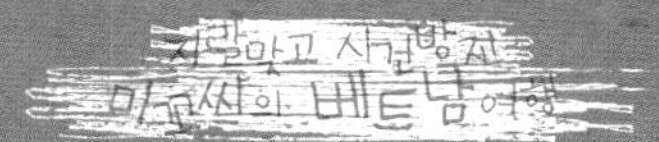

여행할 목적지가 있다는 것은 좋은 일이다.
그러나 중요한 것은 목적지가 아니라
여행 그 자체이다.

– 미국 작가 어슐러 크로버 르 귄 –

미소쎄의 베트남여행 목차

하노이 (Hanoi)

하롱베이 (Ha Long Bay)

깟바 (Cat Ba)

닌빈 (Ninh Binh)

사파 (Sa Pa)

다낭 (Da Nang)

냐짱 (Nha Trang)

호찌민 (Ho Chi Minh)

무이네 (Mui Ne)

달랏 (Da Lat)

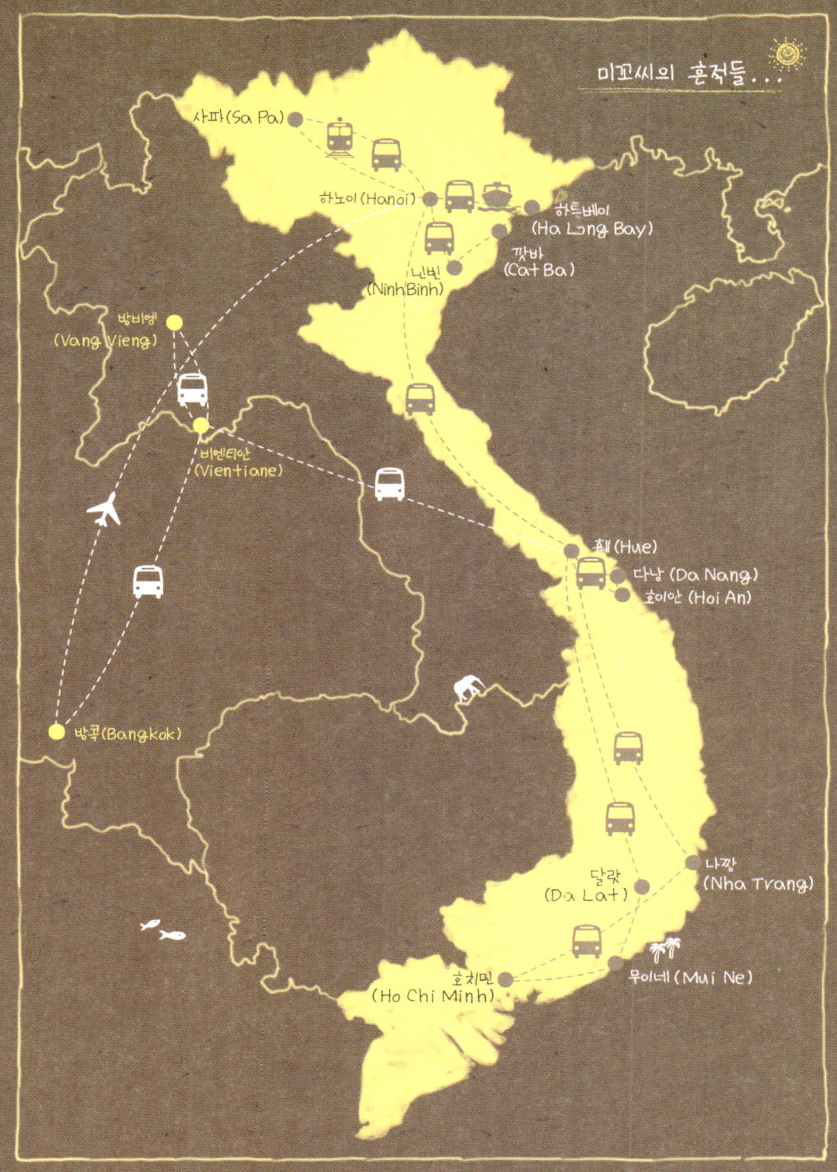

인천 → 방콕 → 하노이 → 하롱베이 → 깟바 → 닌빈 → 하노이 → 사파 → 하노이 → 훼 → 호이안 →

다낭 → 훼 → 냐짱 → 호찌민 → 무이네 → 달랏 → 훼 → 비엔티안 → 방비엥 → 비엔티안 → 방콕 → 인천

밤이 되면 하노이 거리는 수많은 오토바이가 쏟아져 나와
헤드라이트 불빛이 어두운 밤을 밝힌다.
사랑 표현에 무척이나 당당한 베트남 젊은 연인들의
대낮 길거리에서 펼치는 애정행각을 보게 되면
혼자 부끄러워 얼굴이 벌게지며 뒷걸음질 치고
몰래 숨어서 카메라에 담는
이상한 사람을 만드는 하노이.

신짜오
베트남

비가 내린다.
하노이 노이바이 Noi Bai 공항.
부슬부슬 비가 내린다.
방금 비행기에서 내린 여행자보다는 호객 행위로 소란을 떨고 있는 호객꾼들이 공항을 가득 메우고 있다.

택시를 탈까, 미니버스를 탈까 잠시 고민할 틈도 없이 무조건 따라오라는 호객꾼 남자에게 홀린 듯 따라 간다. 그리고 남자는 하노이 중심지까지 이동하는 미니버스 안으로 나를 무작정 태운다.
짐과 사람이 정신없이 뒤엉킨 미니버스.
맨 뒷자리 서양 커플 사이에 빈자리가 하나 보인다. 짐들 사이를 비집고 들어가 그들 틈에 끼어 앉는다. 서양 남자는 주체할 수 없는 긴 다리를 복도 쪽으로 뻗기 위해 자신의 여자 친구 사이에 나를 앉게 하고는 이제 그만 태우라며 투덜거린다. 겨우 엉덩이를 붙이고 앉기가 무섭게 호객꾼 남자는 버스 요금을 요구한다.

"얼마?"
"3만 동(약 2달러), 달러는 3달러."

급하게 공항 환전소에서 약간의 달러를 베트남 동 Dong 으로 환전은 했다. 하지만 3만 동은 달러로 얼마인지 도저히 가늠할 수 없어 요금을 지불하면서도 '이거 사기 아니야' 라는 의심을 버리지 못한다.
베트남 화폐 단위 동은 숫자 0이 너무 많다.
1달러가 약 18,000동.

겨우 몇 달러만 환전해도 두툼한 베트남 지폐를 뭉치로 받을 수 있으니 마치 부자가 된 듯 착각하게 된다. 하지만 베트남 화폐 단위에 친숙해지기까지는 꽤 오랜 시간이 걸렸고, 그 시간만큼 무조건 '비싸요'를 외치며 나는 그들의 사기를 일단 의심해야 했다.

미니버스 좁은 통로에 다리를 뻗고 거의 눕다시피 앉은 내 옆자리의 서양 남자가 묻는다.

"3만 동이면 달러로 대체 얼마야?"
"글쎄, 나도 잘 모르겠는데. 실은 나도 지금 막 베트남에 도착했거든."

남자는 '이 여자 대체 어느 나라 사람이야?' 라는 듯 놀란 토끼 눈으로 날 바라본다. 아무래도 나를 베트남 여자로 착각한 게 분명하다. 습한 공기로 가득한 미니버스 안에 승객들은 하나, 둘 잠이 들고, 버스는 비오는 하노이 도로를 달린다.

부슬부슬 내리던 비는 하노이 여행자 거리에 도착할 때쯤 다행히도 개이기 시작한다. 미니버스는 승객들이 원하는 시내 호텔 앞까지 친절하게 태워다 주었고, 미리 숙소를 정하지 않은 나는 한인 여행사 앞에 내려서 하노이와 첫 인사를 나눈다.

안녕, 반가워, 베트남!
그리고 앞으로 잘 부탁해,
신짜오 Xin Chao 베트남!

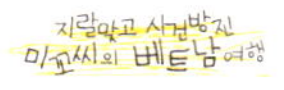

프린스57
호텔

하늘은 열렸지만 흩날리듯 빗방울이 계속 떨어지는 것이 호랑이가 장가라도 가는 날인가 보다.

길지 않은 하노이 거리의 수많은 숙소 중에 나만의 보금자리를 찾아 나선다. 1박에 10달러를 절대 넘어선 안 되고, 핫 샤워만 할 수 있는 곳이면 된다. 하지만 하노이 여행자 거리에서 많지도 않은 이 조건에 맞는 숙소를 찾기란 쉽지가 않다.

좁은 입구, 길쭉한 내부 구조로 지어진 독특한 건물들은 바로 옆 건물과 따닥따닥 붙어있어 창문을 낼 수 없는 방이 대부분이다. 햇살이 드는 창문이 있는 방이면 당연 가격은 엄두도 못 낼만큼 비싸진다. 창문도 없는 방이 10달러가 넘는 곳이 허다하고, 당연히 내 조건에 맞는 마땅한 숙소가 있을 리 없다.

결국 한인 여행사 사장님이 웬만하면 가지 말라던 항박Hang Bac 거리 초입에 위치한 '프린스 57 호텔' 까지 와버리고 말았다. 호텔 직원들의 질이 좋지 않다며 조심해야 한다고 신신당부하신 사장님의 말은 프린스 57 호텔 입구에 들어서면서부터 그 이유를 알 수 있었다.

친절함이라고는 찾아볼 수 없는 무뚝뚝한 리셉션 여직원,
뺀질거리면서 느물느물하고 느끼한 눈빛을 보내는 남자 직원들,
이곳에서 잘 지내는 방법은 이들에게 사기 당하지 않는 것뿐.

냄새나는 두꺼운 융이불, 푹푹 꺼지는 더블 침대, 천장에 매달려 제대로 나오는 채널이 단 하나도 없는 텔레비전, 방금내린 비로 그새 축축한 물기로 가득한 벽면, 요란한 소리를 내며 돌아가는 선풍기, 복도 계단 쪽으로 나 있는 단 하나의 창문은 복도를 오가는 사람들이 기웃거릴까봐 커튼까지 꼭꼭 치고 있어야 한다.

가장 최악은 푹푹 꺼지는 침대도, 환기를 시킬 수 없어 좋지 않던 방안 공기도 아니었다. 세상에서 가장 빠른 걸음을 가지고 있는 개미, 아니 개미떼들이 문제였다.

잠자리에 들기 전 차가운 타일 바닥에 쪼그
리고 앉아 재빨리 어디론가 움직이는 개미
를 휴지로 꾹꾹 누른다. 그리고 아침에 일
어나자마자 밤새 늘어난 개미가 없는지 확
인해야 했다. 이 짓을 하다보면 마치 개미
가 내 몸을 기어 다니는 듯 근질근질해져
손이 저절로 몸을 벅벅 긁게 된다.

입 꼬리를 살짝 치켜 올려 음흉한 미소를
지으며 8달러짜리 방을 7달러로 깎아준다
는 남자 직원 말에 혹한 것이 문제였다.

'싼 게 비지떡' 이란 말은 대체로 맞아 떨어
지는 것이 안타깝다.
그나마 위로가 되는 건 수돗물 하나는 잘
나온다는 사실. 하지만 이것도 자주 하수구
가 막혀 집에서도 하지 않던 때아니 화장실
청소를 해야 하는 수고를 만들기 일쑤였다.

노트북 어댑터가 갑자기 사라져 하노이의
전자 상가 거리를 이 잡듯이 헤매게 만든
곳.
이후 베트남에서는 창문 없는 숙소는 쳐다
보지도 않게 만든 곳.
능글맞은 게스트하우스 남자 직원은 베트
남 어디에든 있다는 걸 알려준 곳.

7일이나 머물렀던 하노이
최악의 호텔,
프린스 57 호텔.

게으른 여행자

지금까지의 여행은 스스로 세운 무지막지한 스케줄을 소화하느라 하루하루가 힘든 여행이었다. 하지만 이번 베트남 여행은 무조건 게으른 여행자가 돼보기로 결심했다. 느지막이 일어나서 브런치brunch를 먹고, 낯선 거리를 어슬렁거리다 숙소로 되돌아와 쉬고, 카페에서 한가로이 커피를 마시면서 음악을 들으며 책을 읽을 계획이었다. 하루를 힘들게 만드는 투어 따위는 절대 안하기로 굳게 마음먹었다.

'뭐 이것도 또 어쨌든 계획 아닌 계획을 세운 꼴이지만.'

오전 10시경에나 살포시 눈을 떠서 팔자 늘어지게 기지개를 켠 후 침대에서 뒹굴뒹굴 시간을 때운다. 그러다 마지못해 일어나 한 바탕 시원하게 씻고 천천히 나갈 채비를 한다. 한가한 식당에 앉아 브런치를 여유롭게 즐긴다.
이렇게 하리라 꼭 이렇게 하리라 결심했다.

하지만 세 살 버릇 여든까지 간다고 하지 않던가? 알람을 맞추지 않았는데도 오전 7시만 되면 눈이 번쩍번쩍 자동으로 떠진다.

'젠장, 이게 아닌데'

싹수없고 능글능글한 프린스 57 호텔 직원들에게 나는 느긋한, 여유로운 혹은 게으른, 시간에 쫓기지 않는 여행자라는 것을 굳이 보여주고 싶었다. 하지만 생각했던 것보다 너무 일찍 눈이 떠진 나는 휴지를 들고 개미들과 전쟁으로 하루 일과를 시작한다. 비로소 내 눈에 개미가 보이지 않게 되면 왠지 모를 희열을 만끽한 후 아직도 10시가 되려면 한참이나 남은 시계를 보며 깊은 한 숨을 짓는다.

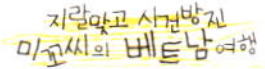

'그냥 나갈까? 아니야 조금 더 버텨보자.'

이러고 있는 내가 한심하다. 결국 감옥 같은 방구석에 스스로 갇혀 있다가 11시가 되자 방금 일어나 준비를 마친 사람처럼 어슬렁거리며 방을 나선다.

"굿모닝"
"하이~ 마담"

오전 11시에 숙소 직원에게 아침 인사를 하고 싶어 하는 이상한 한국 여자.
아무도 알아주지 않는 하노이에서 펼쳐지는 나만의 모닝 쇼.

그렇게 게을러지고 싶었던 여행은 시간이 지나자 점점 자연스럽게 게을러지기 시작했다. 무얼 해야 한다는 강박관념에서 벗어나기 시작했고, 점점 기상 시간이 늦춰지더니 어느 날부터는 특별한 일이 없는 한 오전 9시가 되도록 못 일어나는 경우가 종종 생겨나 진정 게으른 여행자가 되어버렸다.

구석구석 재밌는
하노이 구시가지

오늘도 어김없이 항박 거리에 위치한 한인 여행사로 특별히 할 일도 없으면서 출근 도장을 찍는다. 좁은 여행사 안은 아침부터 베트남으로 여행 온 한국인들로 바글바글하다. 그 중 짧은 휴가를 내고 베트남에 온 승필 군을 낚아서 수상 인형극 오후 공연 표를 예매하고, 전망 좋은 레스토랑의 야외 테라스 테이블에 자리를 잡고 앉는다. 훅하고 불어오는 더운 바람을 그대로 즐기며 한눈에 들어오는 호안끼엠 호수를 바라본다.

하노이를 대표하는 호수, 호안끼엠 호수 Hoan Kiem Lake

호안끼엠은 베트남어로 '부흥한 검'이라는 뜻이 있다. 중국 명나라의 지배를 물리친 레타이또 Le Thai To 황제가 잃어버린 검을 호수의 황금 거북이 찾아주었다는 전설이 있는 곳이다.

현재는 하노이의 젊은 연인들이 호수 주변의 벤치에 앉아 데이트를 즐기는 데이트 명소이다. 평일 저녁이면 오토바이를 타고 온 연인들이 사랑을 속삭이고, 주말이면 대낮부터 주위 시선 따위는 아랑곳하지 않고 정렬적인 뜨거운 키스를 나누는 사랑의 확인 장소가 바로 호안끼엠 호수다.

하지만 내게는 별로 할 일이 없는 하노이에서 조용히 혼자서 산책을 즐기던 곳,
하노이 골목에서 길을 잃었을 때 나침반 역할을 해주던 곳일 뿐이다.

공연 시간까지 남는 시간을 주체 못하고 결국 우리는 할 일 없이 호수를 한 바퀴 돈다.
이래저래 하노이 구시가지의 거리들을 돌아다니며 시간을 때워보지만 그래도 공연 시간까지는 아직도 멀었다.

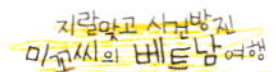

"그럼 이제 골목골목을 한 번 돌아다녀볼까?"

끊임없이 손짓하며 호객 행위를 하는 세옴^{Xe om}(영업용 오토바이) 아저씨와 씨클로 ^{Cyclo}(3륜 자전거) 아저씨에게 일일이 거절의 손짓으로 답하주는 친절한 승필 군, 아저씨들이 부를라치면 귀찮게 굴지 말라는 짜증난 표정으로 답하는 미꼬씨.
우리 둘은 구시가지와 신시가지로 나뉘고, 36개의 작은 거리로 이루어져 '36통로 ^{36Street}'라고도 불리는 복잡한 하노이의 골목골목을 목적도 없이 하염없이 구석구석을 걷고 또 걷는다.

하노이 또는 호찌민에서 베트남 여행을 시작하는 여행자라면 좁고 복잡한 구시가지 모습에 고개를 설레설레 내저을 것이다.
농라^{Non la}(야자나무 잎으로 만든 베트남 전통 모자)를 쓰고 갖가지 물건이 담긴 간항 ^{Gnh hng}(베트남 지게)을 어깨에 진 여인들, 끝없이 이어지는 오토바이 행렬, 외국인만 보면 무조건 손짓하는 씨클로 아저씨, 좁은 골목 가득히 두엉켜 넘쳐나는 소음과 사람들……
정신을 쏘옥 빼놓지만 그래도 어쩌면 격하게 살아가는 베트남 사람들의 모습을 가장 가까이에서 볼 수 있다.

하지만 중심지를 조금만 벗어나면 조용한 골목들을 만날 수 있다. 철로를 옆에 끼고 온종일 지나다니는 기차와 더불어 살아가는 사람들을 만나기도 하고, 현지인들의 살아가는 모습을 볼 수 있는 진짜 재래시장도 만날 수 있다. 겨우 엉덩이만 붙이고 앉을 수 있는 작은 플라스틱 목욕탕 의자에 옹기종기 모여앉아 그들의 전통 차 짜다^{Tra Da}를 마시는 모습을 보거나 호기심어린 눈으로 전자제품 대리점의 진열장을 유심히 바라보는 사람들도 만날 수 있다.

길지는 않지만 거리마다 복잡하게 얽혀있어 지도 없이 하노이 구시가지로 들어갔다가는 길을 잃기 십상이다.

물론 아무 계획 없이 돌아다닌 우리도 어김없이 길을 잃었고, 지나가는 행인에게 호안끼엠 호수를 물어물어 다시 길을 찾은 후 또 다른 골목을 찾아 돌아다닌다.

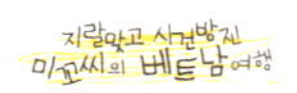

BÚN DOC MÙNG
16 BÁT ĐÀN

베트남 수상 인형극, 워터퍼펫

베트남에서는 다양한 전통 공연을 볼 기회가 흔치 않다. 박물관 입장료보다 비싸더라도 공연은 꼭 챙겨보는 나에게 이런 면에서 베트남은 참으로 심심한 나라다. 하지만 하노이에는 천 년 전통을 자랑하는 세계 유일의 '수상 인형극'이 있어 그나마 위안이 되었고, 그래서 기대 또한 남달랐다. 말 그대로 물을 무대 삼아 하는 인형극으로 홍강 델타 지역의 농부들이 수확을 끝낸 후 연못과 논둑에서 행하던 공연이 현재까지 이어져 내려온 수상 인형극, 워터 퍼펫 Water Puppets.
해마다 공연 횟수가 늘어나고 성수기에는 공연 횟수를 더 늘리지만 이날도 오전 공연은 매진이라 오후 공연을 기대하며 하노이 골목골목을 돌아다니며 기다렸었다.

함께 보러 온 승필 군은 무대와의 거리상 차이만 있는 앞쪽 일등석에, 2만 동의 압박에서 벗어나지 못한 나는 뒤쪽 이등석에 앉아 공연이 시작되기만을 기다린다.

'유명하긴 유명한가보네!'

공연장 안은 시작도 안했는데 카메라, 캠코더 등을 들고 무대를 촬영하느라 분주한 사람들로 가득하다.
단막극 형식으로 용춤이나 사자춤, 개구리 잡이, 오리 사육, 낚시 등 벼농사에 얽힌 베트남 농민들의 이야기를 다룬 수상 인형극이 드디어 시작된다. 전통 오페라 가수가 부르는 이야기에 맞춰 무대 뒤의 사람이 꼭두각시 인형을 긴 대나무로 조정하는 공연으로 내용 전달이 잘되지 않아 공연 중반부터 지루해진다.
공연 대부분 나는 멍한 상태로 있다가 결국 무겁게 내려앉는 두 눈을 비비거나 몸을 배배 꼬기 시작한다.

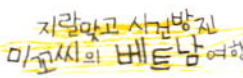

'뭐라고 하는 거야 대체!
내용을 전혀 모르겠어.'

그렁그렁 눈물이 두 눈에 맺히도록 입이 찢어질듯 해되는 하품은 그칠 기미가 보이지
않는다. 세계적으로 유명하다는 베트남 전통 수상 인형극 공연 중 나는 그만 스르르
잠이 들어버렸다.

지루하고 재미없던 수상 인형극이 끝났다.

숙소로 돌아와 샤워를 마치고 다시 밖으로 나선 하노이는 어느새 어둑한 밤이 되었다. 수많은 오토바이들의 헤드라이트 행렬이 어두운 하노이 거리를 밝히고 있어 가로등을 대신하여 달린다.

하노이에 도착하자마자 간항을 진 여인에게 사진 한 방 찍히고 10만 동의 사기를 당했다는 사차원 청년 승규 군이 합세했다. 우리 셋은 하노이에서 분짜 Bun Cha가 맛있다는 유명한 식당을 찾아 또 다시 구시가지 골목을 찾아 헤맨다. 주소만 알면 길을 찾기 쉽다는 하노이에서 우리는 헤매고 또 헤매고, 계속 헤맨다.

겨우 찾아낸 식당은 저녁 7시도 되지 않았는데 벌써 영업을 끝낼 준비를 하고 있어 애써 찾아온 우리를 허무하게 만든다.

'뭐 이런 황당한 경우가 …….'

주린 배를 움켜쥐고 또 다시 다른 음식점을 찾아 한 시간 이상을 돌아다녀보지만 수많은 음식점 중에서 우리가 갈만한 마땅한 곳을 찾지 못하고 또 다시 하노이 골목을 헤맨다. 더 이상 헤맬 힘도 걸을 힘도 없어, 일단 사람들이 북적북적한 음식점을 무턱대고 들어가 테이블에 앉자마자 그대로 쓰러져 버린다.

'에고, 하노이에서 밥 한 끼 먹기 정말 힘드네.'

베트남 대표 음식인 쌀국수 퍼 Pho를 전문으로 하는 식당 안은 저녁식사 시간을 훌쩍 넘긴 늦은 시간임에도 베트남 현지인뿐만 아니라 외국 여행자들이 끊임없이 찾아온다.

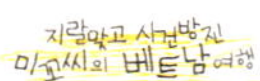

우리는 하노이에서 우연히 만난 것도 인연이라며 맥주로 축하 건배를 하고 각자의 여행 이야기를 끄집어낸다.

음식이 나오자 허겁지겁 수저를 들어 주린 배를 채우려했지만 나는 겨우 한 입을 떠먹고는 수저를 그냥 내려놓을 수밖에 없었다.

고수 또는 팍치라고 불리는 강한 향을 내는 향채가 가득한 음식은 아무리 배가 고파도 도저히 먹을 수가 없었다. 강한 향의 다양한 향채 때문에 미친 듯이 배고픈 저녁을 한두 잔의 맥주로 대신해야만 했다.

결국 음식에는 거의 손도 대보지 못하고 다시 배고픈 채로 후텁지근한 하노이 거리로 나선다. 맛있는 음식이 넘쳐나는 하노이에서 나는 향채에 대한 두려움 때문에 자칫 굶는 경우가 많아질 것 같은 불길한 생각까지 든다.

향채 따위는 아랑곳하지 않고 잘 먹는 승규 군의 배만 가득 채운 채 지루하기 짝이 없었던 수상 인형극을 대신하여 귀와 눈을 즐겁게 해줄 라이브 재즈 공연을 보러 재즈 클럽으로 자리를 옮긴다.

베트남의 유명한 재즈 연주가 민Mihn의 섹스폰에 맞춰 연주하는 재즈 밴드는 나의 노곤함과 허기를 달래준다. 그리고 아직까지는 낯선 하노이의 깊어가는 밤을 로맨틱하게 만든다. 하노이에서 멋진 재즈 연주를 들을 수 있으리라 상상이나 했던가.

비록 배는 고파도 마음이 행복해지는 하노이의 밤이 깊어가고 있다.

옌강을 건너
흐엉사원으로

하노이에 머문 지도 5일째가 되었다. 호안끼엠 호수와 구시가지 골목에서 벗어나지 못하고 하루하루를 보내다 결국 투어를 신청했다. 그렇게 투어는 하고 싶지 않다 했지만 결국 나는 도시마다 반나절 일정의 투어를 하고 마는 거짓말쟁이가 된다.
땀꼭 투어를 함께 가자던 승필 군의 제안을 거절하고 잠시나마 복잡한 하노이를 벗어나 혼자만의 시간을 즐기고자 파퓸 파고다 투어 Perfume Pagoda Tour 를 신청한다.

'내일 하루는 하노이를 벗어나겠구나.'

사실 마음만 동하면 언제든지 떠날 수 있기에, 하노이를 언제 떠날지 딱히 정한 날짜는 없었다. 아침 8시, 하노이에 도착한 첫 날을 제외하고는 강한 햇살이 내리쬐는 눈부신 아침이 계속 된다. 나와 같은 투어를 신청한 사람들이 하나 둘씩 올라탄 미니밴은 두 시간쯤 달려 조용한 시골 마을의 보트 선착장에 도착한다. 고개를 들어 바라본 새파란 하늘에는 하얀 구름들이 두둥실 떠다니고, 고요히 흐르는 강물 소리와 바람에 춤추는 벼들의 사각거리는 소리만 들릴 뿐이다.

볼품없는 작은 철제 보트를 타고 옌강 Yen River 을 한 시간가량 건너가야 한다.
주변 사람들 따위는 전혀 신경 쓰지 않는 이기적이고 수다스러운 프랑스 할머니가 보트에서 일등석인 맨 앞자리를 차지하기 전에 재빨리 몸을 날려 앞자리를 내가 차지해 버린다.
하얀 가면을 쓴 듯 얼굴과 목에 선크림을 덕지덕지 발라 보는 사람으로 하여금 식겁하게 만드는 프랑스 할머니에게 얼굴을 한 번 보시라고 거울을 건넨다. 하지만 할머니는 상관없다는 듯 보지도 않고 도로 거울을 내게 돌려준다.

'무섭단 말이오!'

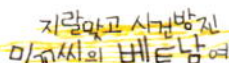

프랑스 노부부와 프랑스 할머니와 함께 탄 보트는 뱃사공 여인이 노를 저어 물살을 가르며 천천히 앞으로 움직인다.

　　"넌 어느 나라에서 왔어?"

한참의 침묵을 깨고 이기적인 프랑스 할머니가 물어본다.

　　"코리아"

대답이 끝나기가 무섭게 고개를 획 돌려버리는 프랑스 할머니 때문에 황당함을 감추지 못하고 얼굴이 빨개진다.

　　'뭐... 뭐, 뭐니?'

평화로운 푸른 하늘을 담고 옌강이 고요하고도 잔잔하게 흐른다.
연약해 보이는 뱃사공 여인은 힘차게 노를 저어 나아가고, 그녀의 노 젓는 속도에 따라 움직이듯 보이는 풍경은 마치 한 폭의 동양화가 펼쳐져 기대 이상으로 멋지다. 하지만 시간이 흐를수록 비슷비슷하게 펼쳐지는 강변 풍경들에 곧 지루해진다. 뜨겁게 내리쬐는 햇볕 그리고 고요한 옌강을 한 시간가량 침묵으로 일관하는 노인들과 함께한다는 건 고욕이다.

드디어 이름뿐인 허름한 선착장에 보트가 정박한다.

몸집이 큰 가이드 덩Dong의 도저히 알아들을 수 없는 영어 발음에 일찌감치 그의 설명 따위는 살짝 무시해버린다. 영어를 못 알아들어 딴전을 피운다고 생각하는 것인지 그는 나를 가끔 측은하고 안타까운 눈빛으로 쳐다본다.

듣는 척이라도 해주는 착한 서양인들, 이조차도 버거워하는 나쁜 미꼬씨.

산 정상의 종유 동굴은 걸어서 1시간 30분가량을 등반해야 하지만 케이블카를 타면 7분 만에 오를 수 있다. 나를 포함해 젊은 사람들은 왕복 케이블카 탑승 티켓을 구입했고, 하산길이 좋다는 얘기를 가이드북에서라도 봤는지 프랑스 노부부와 이기적인 프랑스 할머니는 편도 티켓을 구입한다.

허기지고, 지치고, 짜증나게 덥고, 거기에 만일 산까지 걸어서 오르라 했으면 아마 나는 흐엉틱Huong Tich 산 어느 언덕배기쯤에서 기절했을 것이다. 사실 안 올라가도 그만이고, 그까짓 종유석 동굴쯤 안 봐도 그만이다.

'나는 너무 허기지고 힘드니 당신들끼리 다녀오세요.' 라고 말하고 싶었다. 하지만 가이드가 그렇게 호락호락 가만두지 않을 것 같아 터벅터벅 무거운 발걸음을 옮겨 케이블카에 올라탄다.

케이블카에서 내려 동굴로 내려가는 가파른 계단은 어제 저녁 내린 비 때문에 상당히 미끄럽다. 천장에서 물방울이 떨어지고 진한 향냄새가 가득한 종유석 동굴 안 불상 앞에서 가이드는 다시 한참동안 무언가를 열심히 설명한다. 하나도 알아들을 수 없고, 특별할 것도 없는 동굴을 빠르게 돌아보고는 미끄러운 백팔 계단을 조심스럽게 다시 올라와 케이블카에 몸을 싣는다.

젊은 사람들은 케이블카로 편하게 산을 내려오고 고집쟁이 프랑스 노인들은 끝까지 고집을 부려 걸어서 하산하는 바람에 일찍 내려온 우리는 음식이 한 가득 차례진 테이블에 마주 앉아 마른 침만 꼴깍꼴깍 삼켜야 했다.

식사를 마친 후 다시 보트를 타고 반대편 선착장에 도착하자마자 말없이 얌전하던 뱃사공 여인이 내리는 사람들에게 팁을 강요한다. 생각지도 못한 일에 순간 당황한 나는 지갑에서 얼떨결에 2만 동을 준다. 액수가 성에 차지 않은 듯 뱃사공 여인이 내 팔을 거세게 잡아채는 바람에 순간적으로 기분이 나빠진다.

내게
그런 친구가
있던가?

제대로 여자 친구 한 번 사귀어 보지 못했다는 소방관 영만이, 짧은 시간에 녀석의 연애사를 다 알게 된 만화 속 개구쟁이 캐릭터를 닮은 훈이, 친구들의 약점을 들춰내며 협상을 하는 머리 좋은 동주, 침묵으로 일관하며 묵묵히 우리들의 이야기를 듣고 있는 정주.

땀꼭 투어를 마치고 돌아온 승필 군은 밤 9시 기차를 타고 사파로 떠나야 했다. 오늘 함께 투어를 즐기며 친해졌다는 수원에 산다는 4명의 동생들을 나에게 소개시켜 주었고, 승필 군은 우리와 함께하지 못하는 아쉬움을 뒤로 하고 하노이 기차역으로 출발했다. 승필 군을 보내고 우리는 맥주와 안주를 한 아름 사들고 호안끼엠 호수 근처 차가운 길바닥에 자리를 잡는다. 어색함이라고는 찾아볼 수 없는 우리는 조용한 호수를 즐거운 웃음소리로 가득 채운다.

꼬리에 꼬리를 물어가며 밤새 풀어내는 이야기로 우리는 하노이의 밤을 지새운다. 비록 짧은 만남이었지만 낯선 공간에서의 만남이 그렇듯 서로 빠르게 친해질 수 있는 것이 바로 여행만의 매력이다. 여행에서 스치듯 만나는 많은 사람들은 내 기억의 한 페이지를 채워간다.

서로의 눈빛만 봐도 통하는 그런 사이.
이렇게 낯선 땅으로
함께 여행을 와서 즐거운 추억을 만드는
이들의 우정에 괜스레 샘을 내본다.

'내게 그런 친구가 있던가?'

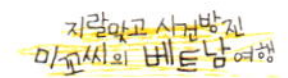

아이 러브

카페쓰아다

베트남이 브라질에 이어 세계에서 두 번째 커피 생산국임을 알고 있는 사람이 얼마나 될까?

커피는 '카페 ^{Ca phe}', 뜨겁다는 '농 ^{Nong}',
연유는 '쓰아 ^{Sua}', 얼음은 '다 ^{Da}'.

베트남에서 커피를 즐기려면 이 정도만 알고 있으면 본인이 원하는 커피를 주문할 수 있다. 베트남의 커피는 진한 커피, 달달한 커피, 진하고 차가운 커피 그리고 달고 차가운 커피, 뭐 이런 식으로 부른다.

진하고 뜨거운 커피는 '카페농 ^{Ca phe nong}',
진한 아이스커피는 '카페다 ^{Ca phe da}'
얼음과 연유를 넣어 만든 아이스 밀크커피는 '카페쓰아다 ^{Ca phe shu da}'.

베트남은 날씨가 더워서 길거리 카페에서 아이스커피인 카페쓰아다를 많이 마신다. 나도 베트남 여행 기간 동안 진하면서 달달하고 시원한 카페쓰아다를 물대신 하루에도 몇 잔씩이나 마시며 점점 카페쓰아다에 빠져들었다.

대낮에 하노이의 골목골목을 돌아다니다 또 길을 잃었다. 분명 북쪽을 향해 걷고 있었는데 어찌된 일인지 서쪽에 와 있다. 나는 길치뿐만 아니라 방향치인 것이 분명하다. 뚫어지게 지도를 쳐다봐도 북쪽으로 향한 내 발걸음이 어떻게 하여 이곳에 오게 된 건지 도저히 스스로도 설명할 수가 없다.

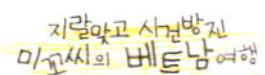

한심해서 한숨을 내쉬며 눈을 돌리니 하노이 카페 중에서 제일 우명하다는 '모카 카페Moca Cafe' 간판이 보인다. 꼭 한 번 찾아와보려고 했던 곳을 이렇게 뜻하지 않게 찾게 되자 지나가는 사람들이 보든 말든 나만의 세레모니가 저절로 나온다.

        '짝, 꺄~악, 폴짝폴짝'

높다란 둥근 테이블 의자에 올라 앉아 카페라떼를 주문하고 카페 안을 둘러본다. 말 끔하게 정장을 차려입은 몇몇 현지인들을 제외하고는 온통 외국인들로 가득하다. 높은 천장, 조화롭게 꾸며진 실내 인테리어, 시원한 에어컨 바람 그리고 간만에 만나는 친절한 종업원 때문에 마음이 편해진다. 그러나 정작 갓 볶아낸 커피 향으로 가득한 '모카 카페'의 맛은 그저 그랬다.
'모카 카페'의 커피에 대한 아쉬움을 뒤로 하고, 다시 거리를 나선다. 몇 발자국 걷지 않았는데 땀이 비 오듯 등줄기를 타고 흐른다. 숨 막히는 더위에 쉬이 갈증을 느껴 차가운 물을 사러 작은 가게에 들어선다. 거기서 그렇게 마시고 싶었던 베트남 커피를 발견하고 약간 흥분된 목소리로 아줌마에게 주문을 한다.

        "카페 쓰아 다"
        "…… ……?"
        "음, 그러니까 말이야 ……. 카페 쓰아 다 있어?"

라고 말하며 커피를 내리며 시원하게 마시는 시늉을 열심히 해본다. 6성조를 가진 베트남어는 같은 단어라도 어떻게 발음하느냐에 따라 완전히 다른 뜻으로 해석된다. 나의 보디랭귀지 설명으로 아줌마는 그제야 이해하겠다는 듯이 웃으시며 나의 발음을 교정해준다.

> "그러니까, 그건 이렇게 발음해야 해.
> '카페'는 올려 발음하고,
> '쓰아'는 위에서 아래로 발음하면서 '다'를 붙여."
> "카페↗ 쓰아↘ 다→"
> "오, 아주 잘하는데."

나의 카페쓰아다 발음에 흡족해하며 내주신 아주머니의 카페쓰아다는 내가 원하고 그리워하던 바로 진하고 시원하고 달달한 베트남 커피 그 자체였다.

> "아줌마, 카페쓰아다 한 잔 더!"

진한 커피와 달달한 연유 그리고 망치로 깬 얼음 조각들이 동동 떠있는 카페쓰아다, 딱 내 스타일이다. 벌컥벌컥 단숨에 두 잔을 마신 후 활짝 미소를 지으며 엄지손가락을 치켜세우고 아줌마에게 외친다.

> "아이 러브 카페↗ 쓰아↘ 다→!"

"I love Ca phe Sua Da"

COM 1

HIGHLANDS COF
NHABECO

3,000개의 크고 작은 섬들이 잔잔한 바다 위에 흩뿌려져 있고,
선상에서 즐기는 투어로 하루를 보내고,
별들이 소곤대는 밤바다에 누워 밤하늘을 바라보며
잠이 드는 하롱베이.

안 보여요,
하롱베이

새벽 4시경에 일어나 떠날 채비를 부지런히 끝내고, 하루일과가 돼버린 방바닥의 개미들과도 마지막 작별 손놀림을 끝으로 사파에서 돌아오는 승필 군을 기다린다. 며칠 전부터 체크아웃도 하지 않은 내게 방값부터 계산해 달라던 리셉션 언니를 볼 때마다 신경질적으로 눈을 부릅뜨고 체크아웃할 때까지 그럴 수 없다고 했었다. 그러던 내가 체크아웃을 한다니까 숙소 직원들 모두가 야릇한 미소로 쳐다본다.

'저 미소는 모야? 도대체 왜? 못 믿을 건 내가 아니고 당신네들인데 말이야.'

어쨌든 햇볕 한 줌 제대로 들지 않던 감옥 같던 내방과 날이 갈수록 늘어나던 개미와도 이제는 안녕이다. 깐죽대는 직원들이 가득하고, 이름과 전혀 어울리지도 않던 프린스 57호텔과도 안녕, 그리고 잠시 하노이와도 안녕이다.

새벽 일찍 사파에서 하노이로 도착한 승필 군은 아침 식사로 빵과 버블티를 사가지고 오는 친절함을 잊지 않았다. 아침 8시에 픽업하겠다던 여행사 버스는 8시 30분이 되어서야 나타나는 베트남스러움을 보여주었고, 버스 안은 이미 우리와 같은 여행지와 목적을 가진 외국인 여행자들로 가득했다. 한 가족이 여권을 두고 오는 바람에 또 다시 30분이 지나서야 버스는 하롱베이를 향해 출발한다.
새벽잠을 설친 탓에 선착장으로 가는 내내 버스 창문에 머리를 쉴 새 없이 쪼아대며 잠이 든다.

몇 해 전 모 항공사의 CF는 아름다운 하롱베이 모습을 한 편의 영화처럼 담아내 대한민국에 역마살 낀 여행자들의 맘을 온통 흔들어 놓았다. 물론 나도 그 CF에서 자유로울 리 없었고 하롱베이에 대한 동경을 마음속에 간직했었다.

로빈 윌리엄스가 목청 터지게 외치던 영화 〈굿모닝 베트남〉과 프랑스 식민 시대 베트남을 배경으로 한 영화 〈인도차이나〉에서 긴 생머리의 가녀린 여배우 린당 팜이 장교를 죽이고 도망가던 곳 역시 하롱베이가 배경이었다.
일 년 중 60일 정도만 쾌청하게 맑은 날을 보여준다는 하롱베이, 우리에게도 60일의 행운을 안겨줄까?

강렬한 빨간색 베트남 국기가 파란 하늘 높이 펄럭 거리며 출항을 기다리는 배들이 선착장 바다 앞을 가득 메우고 있다. 하늘은 맑은 듯싶었지만 파란 종이에 흰색 셀로판지를 덮은 것처럼 안개가 퍼져 있어 멋진 하롱베이를 담고 싶었던 내 기분을 우울하게 만든다. 하노이에서 수없이 길을 잃거나 사진만 찍으면 기다렸다는 듯이 돈을 달라던 세옴 아저씨와 간항을 진 여인네들 때문에 맘 놓고 사진도 찍을 수 없었던 내게 하롱베이는 풍경 사진에 대한 의지를 불사르게 했건만…….
하루에도 수십 번씩 바뀐다는 이곳 날씨에 기대를 걸며, 새파란 하늘이 내 눈앞에 펼쳐지기를 간절히 바래본다.

승필 군이 하노이행 기차에서 만났다는 야무지게 생긴 말레이시아 친구 웨이젠과 장난기가 가득해 보이는 토니를 내게 소개시켜준다. 수많은 배들 중에서 우리 일행은 딱히 좋지도 나쁘지도 않은 중간급 배에 올라탔다. 웨이젠과 나는 배정받은 선실의 객실 방문을 열어보고는 누가 먼저랄 것도 없이 합창하듯 소리를 지른다.

　　　　'오! 마이! 갓!'

저녁식사 전에는 전기가 들어오지 않아 객실의 선풍기와 에어컨은 무용지물이었다. 그야말로 찜통 그 자체였기 때문에 짐만 대충 던져 놓고 나왔는데도 얼굴은 땀으로 범벅이 되었다. 테이블 한가득 푸짐하

게 식사를 준비 중이던 배가 출발을 하고, 살랑살랑 부는 바닷바람을 맞으며 아직은 어색하게 마주앉은 우리는 조용히 식사를 함께한다.

흐린 날씨로 우울해진 기분 탓에 입맛까지 흐려진 건지 푸짐하게 차려진 음식 앞에서도 젓가락이 쉬이 가질 않는다. 수묵화처럼 3,000여 개 섬이 그려내는 환상의 하롱베이 절경이 내 눈앞에 펼쳐지기만을 바라고 바랐기에 지금 날씨는 확실히 내게는 비극이다.

'그래, 밤하늘을 무수히 수놓은 반짝이는
별들을 선상 비치베드에 편히 누워서
바라볼 수 있다는 걸로 만족하자!'

선상투어의
즐거움

하롱베이에서 가장 아름다운 동굴, 하늘의 성, 하늘의 궁전 동굴이라고도 불리는 티엔쿵Thien Cung이 있는 작은 섬에 닻을 내리자 하늘을 뒤덮었던 안개가 홀연히 사라진다. 햇살은 숨어서 기다리고 있었던 것처럼 바다를 반짝반짝 보석처럼 빛나게 하며 거짓말처럼 하늘이 맑아진다.

'브라보!'

하지만 열린 하늘을 뒤로하고 우리는 가파르고 높은 계단을 올라 어둡고 깊은 동굴 안으로 들어가야만 했다. 자연이 만들어 놓은 기이하고 다양한 형상의 종유석들의 동굴 안은 왠지 낯설지가 않다.

'그래 맞다.'

한때 며칠 밤을 지새우며 활을 쏘던 온라인 게임 속의 던전, 바로 그 모습이다.

가이드 언니는 열심히 동굴에 대해 영어로 설명하지만 역시나 알아듣기 힘들다. 우리는 듣는 것을 포기하고 딴 짓을 하지만 깐깐한 가이드 언니가 자꾸 눈치를 주는 바람에 꼼짝없이 듣는 척이라도 해야 할 판이다.
동굴 밖을 나오자 눈이 시리도록 하롱베이 일대가 한눈에 들어왔지만 감상할 틈도 없이 배로 돌아가야만 했다. 해가 지기 전에 카약킹과 점핑 수영을 해야 하기 때문에 푹푹 찌는 선실에서 겨우 수영복으로 대충 갈아입고 급히 빠져나온다.
생명 따위는 보장받기 힘들 것 같은 악취가 솔솔 풍기는 구명조끼를 입고, 노 젓는 방법과 가야할 방향만을 숙지한 후 승필 군과 함께 노를 저어 앞으로 나아간다. 노를 제

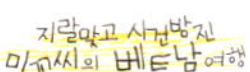

대로 젓지 못하는 나 때문에 노 젓는 일은 승필 군의 차지가 되어 버렸다. 게다가 나는 방향까지 엉뚱한 곳을 알려주는 바람에 착하디착한 승필 군은 즉기 일보직전의 탈진 상태가 되도록 노를 저어야만 했다.

'미안해, 승필 군'

어렵게 카약킹을 마친 우리는 갑판 위에서 다이빙하며 수영을 즐기기 위해 배를 타고 다시 바다 한가운데로 나아간다. 겁대가리를 상실한 지 이미 오래인 나는 두려움 없이 다이빙할 수 있을 거라는 착각에 2층 갑판에 올라섰다. 하지만 생각보다 높은 2층 갑판에서 다이빙을 한다면 '척' 소리와 함께 내 배가 터지지 않을까 걱정이 된다. 상실한 줄 알았던 나의 겁대가리를 다시 찾아 챙기고 1층 갑판으로 조용히 내려가 폴짝 바다로 뛰어든다.
고맙게도 '브라보'를 외치며 박수를 쳐주는 서양 친구들을 향해 수줍은 웃음으로 화답을 한다.

"고마워요!"

점점 붉게 타오르는 노을은 눈에 보이는 모든 것들을 완벽하게 붉은 빛으로 색칠하기
시작한다.
붉은 바다 위를 평화로이 둥둥 떠다니며 수영을 즐기던 사람들까지 모두 붉게 물들어
저무는 하롱베이와 하나가 된다.

가을 홍시처럼 붉게 무르익은 하늘을 이불삼아
하롱베이 바다에 누운 나는 비로소 신선이 된다.

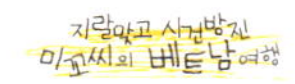

별 속으로 물들다

한 순간 어두워진 하늘.
점심 식사와 똑같은 저녁 메뉴.
2층 갑판에 마련된 비치베드에 누워 맥주를 홀짝홀짝 마신다.
밤하늘을 수놓은 별들을 안주삼아 수다를 떤다.
수십 척의 배들이 쏟아져 내릴 듯 반짝이는 별들 속에 숨죽여 옹기종기 모여 있다.

선실에서 베개를 챙겨 올라와 비치베드에 편안하게 눕는다. 프랑스 남자가 엄지손가락을 치켜 올리며 'Very good idea!' 라고 웃어준다. 소곤거리는 옆 비치베드의 프랑스인들의 대화가 점점 자장가처럼 들리더니 반짝이는 별을 친구삼고 밤하늘을 이불삼아 나도 모르게 스르르 잠이 들어버린다. 이렇게 하롱베이 바다 위에서 나는 별 속으로 점점 깊이 빨려들어 가고 있다.

누군가 자꾸 얼굴에 물을 뿌린다.
몸도 뻐근하고 자꾸 축축한 기분이 들어 눈을 떠보니, 갑판 위 비치베드에는 덩그러니 나 혼자뿐이다.
다들 선실로 들어가고 나 홀로 남겨진 것이다. 베개를 챙겨들고 선실로 들어가니 웨이젠이 놀란 듯 잠깐 일어나는가 싶더니 도로 누워 잠이 든다.

어제 저녁 나 혼자 두고 내려 가버린 승필 군을 아침에 일어나자마자 나무라기 시작한다.

　　"너무 잘 자길래. 깨우면 화낼 것 같더라고."

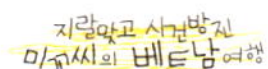

새벽에 내린 비로 하늘은 촉촉하고 상쾌해진 기분 좋은 아침이지만 딱딱한 곳에서 잠들었던 탓에 온몸이 돌덩이같이 뻐근하다. 1박 2일의 선상 투어를 마치고 나와 말레이시아 친구들은 깟바섬으로, 승필 군은 하노이로 가야할 시간이다. 한국에서 다시 만나자는 인사를 나누고 승필 군과 아쉬운 작별을 나눈다.

여행 중 만나는 사람과 너무 친해지면 헤어짐이 힘들고 남은 여행이 힘들어질 수 있다. 사랑하는 사람이나 여행 중 만나는 사람은 또 다른 사람과의 만남을 통해 기억 속에 소중한 추억으로 자리 잡는다.

친절히 대해준 탓에 마음까지 따뜻했던
베트남의 첫 여정들,
"고마웠어, 승필 군!"

하롱베이에 속한 가장 큰 섬이지만 전제적으로 개발이 덜된 곳이다.
2004년에 유네스코가 세계자연유산으로 지정한 베트남 국립공원에는
멸종 위기의 깟바원숭이, 사향고양이, 오리엔탈자이언트다람쥐가 살고 있다.
1박은 선상에서 1박은 깟바섬에서 보내려고 하는 여행자들이 찾아오는
조용하고 한적한 바다가 보이는 깟바.

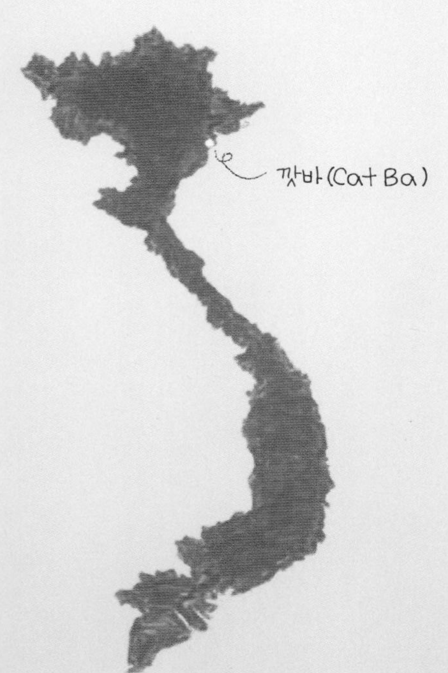

등산, 정말 싫다

1박 2일 선상 투어를 마치고 선착장에 도착하니 오래된 우리나라 백화점 셔틀버스가 우리를 기다리고 있다. 상태도 좋지 않은 셔틀버스를 타고 구불구불한 섬 도로를 덜컹덜컹 한참을 달려 산 입구에서 멈춘다.

"자전거나 모토바이크 탈래 아니면 등산할래?"

가이드의 질문에 순간 어리둥절해진다.
나는 웨이젠과 토니를 쳐다보며 이건 무슨 소리냐고 물어보니 깟바까운 가기 전 중간에 즐기는 액티비티라고 한다. 어제 내린 비 때문에 분명 산길은 만간치 않을 것이 뻔했고, 한 번도 타 본적이 없는 모토바이크를 탄다는 건 목숨을 내거는 일일 테고, 그렇다고 혼자 버스에 남아 있는 건 더더욱 별로였다. 결국 울며 겨자 먹기로 말레이시아 친구들과 등산을 하기로 결정했다.

'이런, 젠장'

예상한대로 산길은 상당히 질퍽거리는 진흙탕길이다.
슬리퍼를 신고도 미끄러운 산길을 척척 잘도 올라가는 베트남 가이드가 대단하다. 트래킹 코스에서 몇 번을 넘어질 뻔한 나는 올라가는 내내 툴툴대고 이런 나를 웨이젠과 토니는 토닥토닥 달래가며 함께 산을 오른다.

'아……, 이건 아닌데'

험난한 산길이지만 확 트인 산 정상의 멋진 풍경을 기대하며 참고 드디어 정상에 올랐다. 하지만 힘들게 올라온 보람도 없이 눈앞에 펼쳐진 건 그냥 산과 하늘뿐이어서 밀려오는 허탈감에 풀썩 주저앉아 가쁜 숨을 고른다. 정상에 앉아 이미 미지지근해진 지 오래인 물 한 모금을 마시고, 살랑살랑 부는 산바람을 맞으며 주변 풍경을 둘러본다. 한국에 있을 때도 하지 않던 등산을 베트남에서 하게 되리라고는 꿈도 꾸지 않았건 만. 원치도 않은 산행으로 지친 몸을 다시 버스에 싣고 햇볕이 강하게 내리쬐는 창에 기대 잠이 든다.

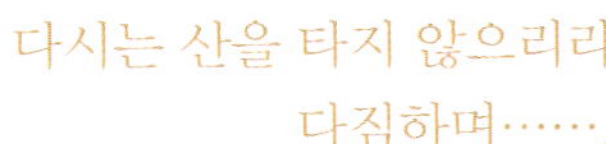

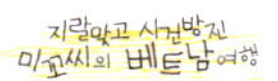

햇살이 주는
작은 행복

작렬하는 햇살에 눈부시도록 아름다운 깟바타운은 내 마음을 두근거리게 하기에 충분했다. 투어 그룹이 묵을 숙소 앞에 함께 내리자 가이드가 숙소를 정했냐고 물어온다. 이제부터 찾아야한다고 대답했다.

"얼마짜리 방을 찾아?"
"글쎄, 한 10달러?"
얼굴에서 갑자기 환한 빛을 띠는 가이드. 뻔할 뻔자였다.

"그래? 그럼 내가 여기 호텔에 한 번 물어봐줄게."

당연히 있겠지. 이곳에서 10달러면 웬만한 미니호텔에는 다 묵을 수 있을 테니까.

"에어컨, 트윈베드, 핫 샤워, TV, 미니바, 조식 포함해서 10달러. 오케이?"
"응 좋아. 근데, 방에 햇빛이 들어오는 창은 있어?"
"응? 당연한 거 아냐?"

베트남에 온 후 가이드조차 당연하게 생각하는 햇빛이 들어오는 창문이 있는 방에서 나는 묵어보지 못했다. 사방이 막혀 빛 한줌 들지 않던 방에단 묵었던 나는 하노이를 떠날 때 굳게 다짐했었다. 창문 없는 방 따위에서는 아무리 싸더라도 절대 다시 묵지 않으리라고.

사실 다른 호텔도 좀 구경하고 결정하려했지만 두 개의 커다란 배낭은 늘 나의 발목을 잡고 숙소 구경하는 걸 포기하게 만든다.

깟바타운의 한 골목 언덕배기에 위치한 썬앤씨호텔Sun & Sea Hotel 201호. 햇살이 눈부시게 들어오는 커다란 창이 있고, 창밖으로는 골목이 훤히 내다보이는 방. 내방이 온통 환하다! 갑자기 눈물이 앞을 가리는 것 같다.

햇살이 따스하게 들어오는 방에 들어오니 피곤함도 배고픔도 잊히고 쌓인 빨래나 해야겠다는 생각에 힘이 불끈 솟아오른다. 한 시간가량 열심히 욕실에서 빨래를 하고 의자들을 창가로 옮겨와 깨끗해진 나의 옷가지들을 탁탁 털어 널어놓으니 기분까지 상쾌해진다.

따스하다 못해 뜨거운 햇살이 드는 방이 무척이나 마음에 든다.
불어오는 바람에 살랑살랑 춤을 추는 커튼 사이로 스며드는 햇살을 맞으며 스르르 잠이 든다.

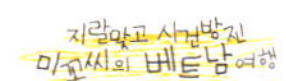

깟바섬,
참 마음에 둔다

같은 호텔에 묵은 웨이젠과 토니는 깟바타운을 둘러보겠다며 저녁에 맥주 한 잔을 약속하고 먼저 나선다. 나는 늦은 점심 겸 이른 저녁을 먹으러 어슬렁어슬렁 호텔 밖으로 나왔다. 자그마한 깟바타운은 호텔에서 조금만 걸어도 바로 바다가 보이고, 해안 도로변에는 파스텔 톤의 독특한 건축 양식의 작은 호텔과 식당들이 옹기종기 모여 있는 아담한 마을이다.

해가 뉘엿뉘엿 저물어가는 시간 식당에 앉아 볶음밥과 워터멜론을 주문한다. 메뉴를 몇 번 말해도 못 알아듣는 종업원에게 메뉴판까지 보여 가며 손가락으로 콕 짚어서 주문했건만, 워터멜론 대신 바나나주스를 가져왔다.

"바꿔줘"
"그냥 마시면 안 될까?"
"안 돼"
"……."

밍밍하고 맛없는 최악의 워터멜론주스, 여태 먹어본 적이 없던 이상한 맛의 볶음밥에 저절로 얼굴까지 일그러진다. 그나마 배가 고파서 칠리소스를 팍팍 쳐가며 먹어보지만 역시 반 이상을 먹지 못하고 남기고 만다.

입맛은 입맛대로 버린 채 깟바타운 골목이나 둘러보려고 식당을 나선다. 한가로운 골목에는 아이들이 뛰어놀고 주말을 맞아 공터에서 공놀이를 즐기는 사람들이 보인다. 저녁을 준비하는 식당에는 분주히 움직이는 사람들 사이로 모락모락 연기가 피어오르고 있다.

오토바이로 가득하고 정신없던 하노이에서 여행을 시작한 후 오랜만에 느끼는 한적하고 조용한 골목길이 마음을 여유롭게 한다. 깟바타운은 조용하고 한적한 것만으로도 벌써 마음에 쏙 든다. 많지 않은 식당과 길거리 음식이 없는 것이 조금 불편했지만 하룻밤만 지내면 이곳을 떠나니까 다 괜찮다.

깟바타운은
상상외로
참
괜찮은 곳이다.

이곳이 나는
참
마음에 든다.

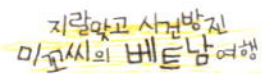

더 붉게
물들어라

선착장 근처 노천카페에 자리 잡고 앉아 시원하고 달달한 카페쓰아다를 마시며, 불어오는 바닷바람에 머리카락을 흩날리며 해가 지기를 기다린다.

베트남은 해가 참 빨리도 넘어간다.
6시만 되면 갑자기 온 세상이 어둑해지는 곳이 베트남이다.
주말 공연을 준비하느라 바쁜 베트남 사람들, 석양을 구경하러 나온 수많은 여행객들, 붉게 물들어가는 깟바타운의 바다와 하늘 그리고 살랑살랑 시원하게 불어오는 바닷바람, 사람들의 환호에 보답이라도 하듯 아주 짧은 찰나 불타버릴 듯 온통 붉은 세상을 만든다.
후덕하게 푸짐한 몸집의 노천카페 아주머니에게 저녁에 다시 오겠다는 약속을 한다.

　"몇 시에 올 거야?"
　"글쎄, 저녁 8시경쯤"
　"몇 명이 오는데?"
　"3명"
　"그럼 이따 꼭 와야 해, 꼭이야. 나한테 꼭 와야 해."

베트남 사람들은 참 집요하다. 그런데 가끔 이 집요함이 난 참 마음에 들 때가 있다.

맥주에 취하고, 깟바 섬의 황홀한 일몰에 취하고,
친구들과의 즐거운 수다에 취하며,
그렇게 깟바의 밤이 저물어간다.

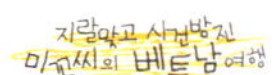

사기당하는
게으른 여행자

닌빈을 가기 위해 여행사에서 교통편을 알아보고 예매를 했다.

미니버스를 타고 선착장에 내려 스피드 보트로 갈아탄 후 다시 버스를 타야 하는 복잡한 경로라 몇 번을 더 확인한 후 25만 동(약 14달러)이라는 거금을 내고 바우처를 챙겼다. 왠지 믿음이 안가는 의심의 눈초리로 여행사 아저씨를 쳐다보니 VIP 버스임을 강조한다. 하지만 다른 곳에 비해 3만 동 정도 비싸다는 걸 여행사를 나온 지 채 10분이 지나지 않아 알게 되었다.

'빌어먹을 …….'

사기를 당하지 않으려면 발품을 부지런히 팔아야 된다는 걸 알고 있지만 귀찮음에 사로잡힌 여행자는 돈을 더 내고서라도 덜 움직이려고 한다.

'왜냐고? 뭐 게으르니까.'

깟바를 떠날 채비를 마치고 에어컨 바람보다는 바닷바람이 들어오도록 창문을 활짝 열고 잠자리에 든다. 하지만 나는 얼마 지나지 않아 창문을 꼭꼭 닫을 수밖에 없었고, 귀에는 이어폰을 꼽고 음악을 들으며 잠을 청할 수밖에 없었다.

베트남 사람들은 평일에는 저녁 9시쯤만 되도 모두 다 집으로 돌아가기 때문에 거리가 한산하지만 주말이 되면 그동안 쌓아두었던 스트레스를 한꺼번에 풀어내는지 다른 사람은 일체 아랑곳없이 새벽까지 고래고래 소리를 질러가며 마을이 떠나가도록 즐긴다.

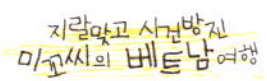

햇빛이 잘 드는 창에 골목도 보이는 방이라 좋아했건만, 노래 못하고 죽은 귀신이 붙은 아저씨가 끊임없이 불러대는 괴로운 베트남 노랫소리어 새벽 내내 한숨도 이룰 수가 없었다.

이른 아침, 웨이젠과 토니와 헤어질 시간이다.
직장과 학교가 있는 싱가포르로 돌아간다는 그들은 여행기 끝난 것이고, 나는 이제 여행을 시작하는 시점에서 이들과 이별을 한다. 언제나처럼 오늘도 나는 베트남에서 만난 친구들과 이제는 다시 만날 수 없는 만남을 기약하며 작별 인사를 한다.
베트남 여행 어딘가 쯤에서 이들이 문득 그리워지겠지.

"안녕!
Good-bye, Take care!"

영화 〈인도차이나〉의 배경 촬영지였고,
육지의 하롱베이라 불리는 석회암
카르스트 지형 땀꼭Tam Coc 때문에 조용한 시골마을 닌빈이
베트남의 유명 관광지가 되었다.
한적한 골목길을 자전거로 누비고 다니면
더할 나위 없이 좋은 닌빈.

목적지가 분명하면
좋을 때가 있다

하노이에서 출발했다면 여행자 미니버스를 타고 한 번에 닌빈으로 갈 수 있었을 텐데, 머리가 고민을 피하려고 하니 몸이 고생이다. 아침 9시가 넘어서 출발한 버스에는 몇 명의 외국인 여행자를 제외하면 대부분 현지인들만 타고 있다.

여행사 사장님이 말하던 VIP 버스라는 것이 이 버스였나 보다. 이 후로 두 번이나 다른 버스로 갈아탔지만 더 이상 이만한 안락함을 기대할 수 없었다.

눈부시도록 새파란 하늘에 뭉실뭉실 피어있는 하얀 구름을 벗 삼아 정겹게 도로 위를 달리던 버스가 도저히 배 따위는 드나들 것 같지 않은 볼품없는 선착장에 승객들을 토해낸다. 햇살은 뜨겁다 못해 금방이라도 살을 태워버릴 만큼 따가웠지만 파란 하늘을 보고 있노라니 더위 따위는 별 것이 아니다.

'덥더라도 늘 이런 날씨, 이런 하늘만 계속되면 좋겠다.'

등받이를 기대하는 건 사치처럼 느껴지는 기다란 나무 벤치에 옹기종기 모여 앉아 짜다Tra da를 마시며 수다를 떠는 현지인들, 조금 아니 많이 도도해 보이는 영국인 여자 3명, 그리고 한국인 여자 미꼬씨까지, 모두는 목적지로 태워다 줄 보트가 도착하기만을 기다린다.

켈리 클락슨의 'If No One Will Listen'을 들으며, 시시각각 구름이 만들어내는 하늘 그림을 멍히 바라본다.

'만약 아무도 듣지 않는다면'

아무도 듣지 않아도 좋다. 내가 들으면 되고, 내가 당신의, 그들의 마음을 들으면 되니까.

짧은 머리가 부쩍 잘 어울리는 미소년같이 생긴 베트남 여자 아이도 나처럼 이어폰을
귀에 꼽고 가랑이는 있는 대로 쩍 벌린 채 최신형 핸드폰으로 열심히 문자를 보내며
지루한 시간을 보내고 있다. 나의 학창시절에도 저런 친구가 있었다. 마치 사내처럼
보이지만 알고 보면 누구보다 여성스러운 그런 친구. 자신의 성정체성을 고민하던 그
애는 지금 어떤 모습으로 살아가고 있을까.
말 한번 섞어보지 못한 미소년 같은 베트남 소녀가 이곳에서 잘 살아가기를 뜬금없이
걱정해본다.

드디어 스피드 보트가 도착했다.
하늘은 배낭에 담아가고 싶을 만큼 너무 멋지고, 출발한 배는 멀미가 날 만큼 빠른 속
도로 질주하며 강을 건넌다.
여행은 목적지가 있으면 그 어떤 고난과 고통도 이겨내며 참고 견딜 수 있다.
그렇게 목적지에 도착하면 그 이상의 보답을 받을 것이란 기대감이 있기 때문이다.

'닌빈,
난 그 곳에서 어떤 보답을 받을 수 있을까?

맥주 마시는 운전기사,
담배 피는 승객

보트에서 내리자마자 바로 닌빈행 버스에 올라탄다.
비포장도로를 한참이나 흔들거리며 달리는 버스 때문에 보트에서부터 시작된 멀미 증세가 멈출 새가 없다. 때가 꼬질꼬질한 털장갑과 마스크를 착용한 채 혼자만 겨울인양 두꺼운 점퍼까지 입은 옆 좌석의 베트남 언니가 혹시나 말을 걸까 두려워 창문에 머리를 기대고 잠을 청한다.

한참을 달리던 버스가 드디어 터미널에 들어선다. 당연히 닌빈에 도착한줄 알고 내렸건만 닌빈이 목적지인 몇 명의 여행자들은 한 사내를 따라 다른 버스로 옮겨 타야 했다. 닌빈행 버스는 버스라 하기에는 창피할 정도로 폐차 직전의 모양새다.

'대체 굴러가기는 하는 걸까?'

한글 노선 표시가 있는 걸 보니 우리나라에서 중고로 구입해온 것이 분명하다. 한국서 건너온 낡디낡은 백화점 버스는 이곳에 와서 단 한 번도 세차라는 것을 받아본 적이 없는 듯 지저분했다. '김도일' 이라는 한글 이름이 새겨진 우리나라 고등학교 체육복 티셔츠를 입은 베트남 남자가 검표를 시작한다. 엉뚱하게도 베트남의 이름 모를 산골 터미널에서 한국 여자는 한국 버스에 올라타 한국 티셔츠를 입은 베트남 검표원과 마주하고 있는 것이다.
깟바에서부터 동행한 도도한 영국 여자 3명, 키가 멀대처럼 크고 어수룩해 보이는 프랑스 남자 2명, 말도 안 통하면서 이리저리 옮겨 다니며 일일이 참견하느라 바쁜 베트남 아주머니 그리고 몇 명의 베트남 현지인들과 나를 태운 버스가 닌빈을 향해 서서히 출발한다.

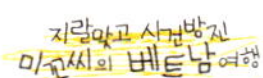

작고 낡은 백화점 버스는 우리나라 시골 버스처럼 닌빈으로 가는 길 중간 중간에 사람을 태우고 내리기를 반복한다.

여자와의 대화가 그리웠던지(내가 받은 느낌은 분명 그랬다.) 프랑스 청년들이 더듬더듬 잘하지도 못하는 영어 실력으로 영국 여자들에게 말을 건넨다. 조금은 우스꽝스러운 영어 발음과 짧은 영어 실력이라 영국 여자들은 그들에기 몇 마디 대답하더니 이내 친절함 따위는 더 이상 베풀지 않고 무시해버린다.

　　　'내가 듣기엔 너희들 영어 발음이 더 저질이야.'

괜히 이들과 섞이는 것이 싫어 음악을 들으며 고개를 돌려 창밖을 바라본다. 버스는 요란한 경적을 울리며 무법자처럼 무서운 속도로 도로를 내갈린다.
너무 낡은 버스라 에어컨을 커니 시원하기는커녕 꿉꿉한 곰팡이 냄새만 풍겨 나온다. 버스 안의 공기는 시간이 지날수록 점점 숨쉬기조차 힘들어지고 차라리 창문을 열고 가는 편이 훨씬 나았다. 게다가 운전기사는 곡예 운전으로 순간순간 가슴을 쓸어내리게 했으며, 버스 앞에 방해도는 무언가가 보이면 얼른 길을 비키라고 미친 듯이 경적을 울려 된다.

　　　"아마 운전기사가 바쁜 일이 있나봐."

엄청난 속도로 달리는 버스가 어이가 없던 프랑스 청년은 인상을 잔뜩 쓰고 있는 내게 웃으며 말을 건다.

　　　"그게 아니라 운전기사가 미친 거야."

버스에서 잠조차 잘 수 없게 만드는 어처구니없는 운전기사의 운전 솜씨에 화가 치민 나는 농담을 건넨 프랑스 남자에게 짜증 섞인 말투로 대답을 해버린다.

얼마를 달렸을까? 버스가 멈추자 건들건들 불량스러워 보이는 네 명의 베트남 청년들이 올라타더니 이리저리 빈자리를 찾아 앉는다. 검표하던 남자는 잠시 내려 가게에서 맥주를 사 오더니 운전기사에게 아무렇지도 않게 건넨다.

'설마, 설마……'

하지만 운전기사는 기어를 넣고, 맥주 캔을 따더니 홀짝홀짝 마시며 그때부터 진짜 곡예운전을 시작한다. 이제 경적은 방해물과 상관없이 운전기사 기분에 따라 울어 된다.

조금 전 올라탄 한 베트남 청년이 담배를 꺼내 물더니 불을 붙인다. 설상가상으로 프랑스 청년은 베트남 청년에게 담배를 빌려 덩달아 피어댄다. 담뱃재는 당연히 버스 바닥에 아무렇지도 않게 털어버린다.

운전기사는 한 손으로 핸들을 잡고 남은 맥주를 단숨에 들이킨다. 상상조차 할 수 없는 말도 안 되는 모습들이 내 눈앞에서 너무도 자연스럽고 태연하게 벌어지고 있다.

운전기사는
맥주를 마시며 운전하고,
승객은 아무렇지도 않게
담배를 피우는 버스.
'오 마이 갓! 이건 꿈일 거야.'

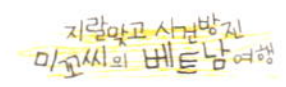

조용한
시골마을 풍경

최악의 버스가 다행히도 무사히 우릴 닌빈 버스정류장에 나려놓는다.
버스에서 내리자마자 달려드는 호객꾼들에게 얼굴을 찌푸리며 필요 없다고 괜한 성질을 부린다. 내내 말없이 조용히 앉아있던 작은 동양인 여자가 호객꾼을 상대로 당차게 대항하자 멀대같은 프랑스 청년 노노는 푸른 두 눈을 내 눈 높이에 맞추며 숙소를 함께 찾아보자고 제안을 한다.

닌빈 역 앞의 퀸미니호텔Queen Mini Hotel.
사실 프랑스 청년 노노와 제제는 처음부터 이곳에 숙소를 잡을 생각이 아니었다. 단지 오토바이를 렌트하려고 이 호텔을 찾은 것뿐이었다.
비수기인지라 숙소는 머무는 여행자보다 호텔직원들이 더 많아 보인다.
더위를 피해 옹기종기 호텔 로비에 모여 앉은 호텔 직원들이 차를 마시며, 자욱이 담배 연기를 일없이 채우고 있다.

아늑한 것도 깨끗한 것도 아닌 머물기엔 무난한 정도의 꼭대기 4층 방에 짐을 푼다.
이후 서로 여행 일정이 엇비슷했던 프랑스 청년들과 사파에서 다시 만나기로 약속하며 이메일 주소를 주고받은 후 작별 인사로 포옹을 한다. 순박한 웃음과 어눌한 영어 발음, 매력적인 푸른 눈의 노노와 제제를 사파에서 다시 만날 수 있을까?

빵빵하게 에어컨을 틀어 놓고 깟바에서 미처 하지 못한 빨랫감들을 열심히 빤다. 탁탁 털어서 햇살 좋은 난간에 널어두고, 하노이와는 너무 대비되는 고요한 닌빈 마을 일대를 발코니에 서서 멍하니 바라본다.

붉은색 지붕 아래로 간간히 보이는 사람들의 움직임,
뜨겁게 쏟아지는 햇살 사이로 간간히 부는 바람,
참으로 여유로운 시골 풍경의
조용한 시골마을 닌빈은 오자마자
여행자를 매료시키는 마법을 부린다.

닌빈은
비를 내리며

오후에 마을 골목골목을 돌아다녀 보려고, 타고 다닐 바구니 자전거를 2만 동에 빌린다. 아침부터 빌려도 2만 동, 저녁에 잠깐 빌려도 2만 동, 시간대별 할인이라고는 전혀 없는 베트남스러운 야박함이 느껴지는 순간.
호텔 사장님은 손으로 직접 그려가며 근처 시장에 찾아가는 방법을 친절하게 알려주신다. 호텔 직원인지 호텔 사장님의 친척들인지는 모르겠지만 온종일 로비에서 진을 치고 있던 사람들이 일제히 잘 다녀오라며 정겹게 인사를 한다.

닌빈의 골목골목은 언젠가 여행했던 마카오의 꼴로안 빌리지Coloane Village를 떠오르게 했다. 파스텔 톤의 낡은 벽과 늘어진 나무 그늘 사이를 자전거 페달을 신나게 밟아가며 달리는 기분은 더할 나위 없이 상쾌하다.
쌩쌩 달리는 오토바이와 자동차 사이를 가로 질러 겨우 찾아간 시장은 현지인들로 가득한 우리나라 시골 장터 분위기다. 시장에서 파는 물건보다는 민소매 티셔츠에 반바지를 입고 카메라까지 주렁주렁 단 채 자전거를 타고 나타난 낯선 외지인이 더 신기했던지 갑자기 사람들의 시선이 내게 쏟아진다.
하지만 사람들이 쳐다보든 말든 주린 배를 채우기 위해 먹을거리를 찾아 시장 안으로 들어선다. 머리채 통째로 구워진 닭과 거위, 파리만 우글우글 붙어있는 생고기, 가게마다 가격이 천차만별인 과일 그리고 정체불명의 식재료만 가득한 재래시장 안에서 굶주린 배를 채울만한 먹을거리를 찾기가 쉽지 않다.
비위생적으로 보이는 음식들을 외면하고 다니는 외지인을 곱지 않은 시선으로 쳐다보는 장사꾼들 때문에 더 이상 시장 구경은 신나지도 재미있지도 않아 급히 시장을 빠져나온다.

갑자기 밀려드는 먹구름 때문에 어두워지기 시작한 하늘은 금방이라도 비를 퍼부을 태
세다. 서둘러 시장을 빠져나온 탓일까? 그리 멀지 않은 호텔로 돌아가는 길을 못 찾고
또 길을 헤맨다. 한적한 골목에 들어서자 갑자기 굵은 빗방울이 시원스레 퍼붓는다.
쏟아지는 비 따위는 아랑곳없이 신나게 자전거 페달을 밟아댄다. 하지만 한차례 시원
하게 내리는 소나기라 생각했던 비는 좀처럼 그칠 생각을 하지 않고 닌빈마을 전체를
시원하게 적시고 있다.

가끔은 길을 잃어도 좋을 때가 있다.
내리는 비를 그대로 맞으며 무작정 빗속을 달린다.
우기의 시작을 알리는 비, 페달을 밟을 때마다 자전거 앞바퀴는 고인 빗물을 열심히
둘로 가르면 시원스럽게 나아간다.
쏟아지는 빗속에 또 다른 닌빈의 모습이 그려진다.

'아차, 한 시간 동안이나 쭈그리고 앉아
열심히 빨아 널어놓은
난간의 내 빨래들……'

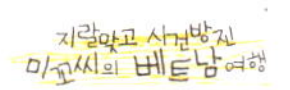

아저씨 달려!

투어를 하기로 한 날이다. 그런데 어제 오후부터 내린 비는 그칠 생각을 하지 않는다. 투어 출발 시간은 점점 다가오는데 빗줄기는 그치기는커녕 오히려 폭우로 바뀌고 있다. 오전에 보슬보슬 내리는 비를 보고는 곧 그칠 거라고 호언장담했던 사장님은 갑자기 쏟아지는 비에 심상치 않음을 예감하고 투어 시간을 2시로 옮겨보자고 제안한다.

"2시쯤에는 비가 그칠 것 같아?"
"글쎄, 나도 잘 모르겠어, 여하튼 지금은 우기잖아. 일단 기다려 보자."

사장님은 예상과 달리 점점 나빠지는 날씨에 당황한 듯 누런 이를 드러내며 멋쩍게 웃으며 자리를 황급히 뜬다.
폭우로 바뀐 비는 천둥번개까지 동반하여 요란을 떨더니 마을 전체를 어두컴컴한 밤으로 만들었다.

'뭐 오늘 안 되면 내일 가지, 근데 쏟아지는 빗속에서 뭘 하며 하루를 보내지?'

아침부터 TV에서 방영하는 영화 2편을 다 보고 낮잠도 한 숨 자고 일어났지만 시간은 더디게만 흘러가고 있다. 2시가 돼가지만 여전히 비는 그칠 생각이 없는 거 같다.

"내일로 미루자."

인터넷 웹서핑을 하며 비가 그치기만을 기다리던 내게 주인아저씨는 다시 멋쩍은 미소를 지으며 오늘 투어는 힘들 것 같다고 한다. 조금 약해졌지만 여전히 내리는 비를

보며 어쩔 수 없음에 나도 고개를 끄덕인다. 사장님이 세옴 기사에게 전화를 걸어 내일 오라고 이르는 걸로 '오늘 투어는 물 건너갔구나.' 하며 포기한다.

'토독 토독' 창문에 튀기는 빗소리를 들으면 인터넷 세상에 빠진 지 30여 분쯤 지났을까, 거짓말처럼, 정말 거짓말처럼 하늘이 환하게 활짝 열리고 비가 그치기 시작한다. 로비 문을 열고나서니 햇빛에 반사된 빗방울이 보석처럼 눈부시게 반짝거린다.

　　"오~ 아저씨, 비가 그쳤어, 나 지금 출발할래. 세옴 아저씨 좀 불러줘."

거짓말처럼 활짝 갠 하늘에 환호하는 나를 보며, 함께 좋아해주던 사장님은 재빨리 세옴 기사에서 전화를 다시 한다. 채 5분도 안 됐는데 초고속으로 나타난 세옴 아저씨는 여느 베트남 사람들답지 않게 인상이 선해 보인다. 처음 타보는 오토바이라 어쩔 줄 모르고 멀뚱멀뚱 오토바이 곁에 서있자 아저씨가 내 머리에 말없이 헬멧을 씌어 준다.

　　"아저씨, 나 오토바이 타는 거 처음이야 천천히 가야해."
하지만 인상 좋은 아저씨는 대답 없이 그저 웃기만 한다.

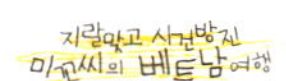

"영어 못해."
호텔 사장님이 세옴 아저씨 대신 대답하고 아저씨에게 천천히 운전할 것을 당부해준다.

"잘 다녀와."
"응, 다녀올게, 이따가 봐요."

호텔 직원들의 배웅을 받으며 오토바이 뒷좌석에 올라앉는다. 비록 내가 운전하는 것은 아니지만 그래도 난생 처음 타보는 오토바이라 기대 반 긴장 반 상태다. 타고내릴 때 뜨겁게 달구어진 배기통을 조심하라며 보디랭귀지로 친절하게 설명해준 후 세옴 아저씨는 오토바이에 시동을 건다. 드디어 땀꼭으로 출발이다!

"아저씨, 달려! 달려~"

땀꼭, 그리고
아줌마 나빠요!

10여 분쯤 달려 도착한 땀꼭^{Tam Coc}의 첫인상은 전형적인 관광지 풍경이다. 조용한 시골 마을 닌빈을 관광지로 만든 것은 영화 〈인도차이나〉의 역할이 컸다. 응오동^{Ngo Dong} 강을 따라 우뚝 솟은 산봉우리들과 석회 동굴들이 자연의 신비감을 더하기 때문에 땀꼭은 늘 관광객들로 넘쳐난다.

4~5명이 타는 배지만 혼자 온 나는 앞에서 노를 젓는 아주머니와 뒤에서 발로 노를 젓는 청년, 이렇게 셋이서 한 배에 타야 한다.
땀꼭의 노 젓는 아주머니들은 기념품 구매를 강요하는 걸로 악명이 높았고, 홀로 배에 탄 나는 무조건 아주머니의 타깃일 수밖에 없다는 걸 알고 있었다.
보트가 출발하자마자 노를 젓는 건 청년에게 맡기고, 아주머니는 본인이 직접 수를 놓았다는 베트남 모습이 담긴 자수 작품을 끊임없이 보여준다.
쳐다보지도 않고 'No, No'를 외치는 내가 아주머니 눈에 호락호락해 보이지 않았을 것이다. 아무것도 사지 않을 것이란 걸 직감했는지 아주머니는 갑자기 끝까지 가려면 너무 힘들기 때문에 10달러를 추가로 내야 한다고, 말도 안 되는 사기를 대놓고 치기 시작한다. 여기에 기가 눌릴 내가 아니다.

> "난 그런 말 듣지도 못했고,
> 만일 그렇다면 돌아가서 확인해보고 아줌마 말이 맞으면 줄게."

성질을 내는 내가 만만치 않은 여자임을 다시 한 번 깨달은 아주머니는 노를 저으며 혼자 투덜거린다. 조용히 땀꼭의 절경을 카메라에 담고 싶었던 나의 소망은 출발부터 이렇게 산산이 무너져 내린다.

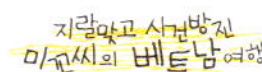

너무도 멋진 자연 풍경과는 대조되는 이 씁쓸한 분위기.
비록 마지막에 팁을 강요했지만, 오고 갈 때만큼은 묵묵히 노를 젓던 흐엉사원 투어 때의 뱃사공 여인이 그래도 양반이었다.

잠시 시간이 흘렀을까, 다시 자수가 놓인 물건을 보여주며 끝내 장사를 포기하지 않는 끈질긴 아주머니에게 호소한다.

“사진을 찍어야해, 끝나면 팁 줄 테니 제발 조용히 해줄래요?”
“진짜 주는 거야? 얼마나 줄 건데?”

팁을 준다는 말에 투덜거리던 모습은 온데간데없고 갑자기 얼굴에 화색이 도는 아주머니는 덩실덩실 춤이라도 출 듯하다.

“단, 조용히 해주면 돌아가서 줄 거야.”

아주머니와 협상을 끝내고 조용해지자 비소로 내 눈에 땀꼭의 풍경이 들어온다. 농라를 쓰고 아오자이를 받쳐 입은 베트남 여인의 구슬픈 노랫소리가 동굴을 지날 때마다 울려 퍼진다. 하지만 조용히 땀꼭을 구경하는 시간은 그리 길지 않았다.

급히 나온 탓에 미리 잔돈을 준비하지 못한 나는 내키지 않았지만 거금 5만 동을 선심 쓰듯 아주머니에게 건네야만 했다.
그녀는 생각보다 후한 팁에 잠시 놀래는가 싶더니 뒤에서 묵묵히 노를 젓던 청년을 가리키며 ‘저애도 팁을 줘야지.’ 라고 다시 또 돈을 요구한다. 그러거나 말거나 그녀의 말을 무시하고 나를 기다리고 있던 세옴 아저씨의 오토바이에 얼른 올라탔다.

‘아주머니,
관광객들은 봉이 아니에요.’

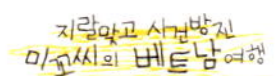

정드는 닌빈

세옴 아저씨 오토바이가 호텔 쪽으로 되돌아가고 있다.

"No, No. 아저씨, 호아르^{Hoa Lu}도 가야해"

호아르란 말에 아저씨는 계속 나에게 'No, No' 라고만 외친다. 어이가 없었지만 영어가 통하지 않는 아저씨와 계속 말해봤자 소용없겠다 싶어 일단 호텔로 돌아가기로 한다. 생각보다 일찍 도착한 나를 보고 호텔 사장님은 세옴 아저씨에게 왜 벌써 왔냐며 얼른 나를 호아르로 데려다주라고 얘기해준다. 세옴 아저씨는 그제야 오토바이를 돌려 호아르를 향해 달린다.

예전 레 왕조의 수도였다는 호아르에는 현재 볼품없는 사원 2개만 덩그러니 남겨져 있을 뿐이다. 너무 늦게 출발한 탓에 호아르에 도착하자마자 해가 지기 시작하더니 순식간에 산 너머로 노을이 지면서 사원 전체를 붉게 물들인다.

어두워진데다 볼거리가 없던 사원을 나와 다시 오토바이를 타고 호텔로 되돌아왔다.

세옴 아저씨에게 팁을 주려고 지갑을 열어보니 10만 동짜리 큰돈밖에 없다. 어제부터 단골이 된 호텔 맞은편 가게에서 돈을 바꿔 5만 동의 후한 팁과 시원한 음료수 한 병을 세옴 아저씨에게 건넨다.

뜻밖에 큰 팁에 세옴 아저씨는 호텔 사장님을 쳐다보며 받아도 되겠냐는 얼굴 표정을 짓는다. 호텔 사장님은 흐뭇한 미소로 고개를 끄덕이며 넣어두라고 사인을 보낸다. 그제야 수줍게 웃으며 고맙다고 인사를 한 후 세옴 아저씨는 가족들이 기다리는 집으로 돌아간다.

딱히 갈만한 음식점이 없어 호텔과 가까운 작은 가게 겸 음식점을 매일 드나들다 보니 본의 아니게 단골이 되었다. 낮은 테이블을 차지하고 앉아 늘 그랬듯이 카페쓰아다와 볶음밥을 주문한다. 아주머니는 하루에도 몇 번씩 찾아오는 나를 무조건적으로 반갑게 맞아준다.

아주머니가 쓱싹쓱싹 볶음밥을 만드는 걸 지켜보다 후다닥 뛰어가 향이 날 듯한 야채들을 가리키며 절대로 넣지 말라고 크게 양팔로 엑스자를 만들어 보인다. 나의 보디랭귀지를 이해한 아주머니는 가서 앉아 있으라고 손짓을 하신다. 잠시 후 내온 볶음밥은 향채를 전부 빼버려 초록빛이라곤 전혀 없는 나만을 위한 정체불명의 특별요리였다. 칠리소스를 팍팍 쳐가며 맛있게 먹는 나를 신기한 듯 쳐다보는 아주머니는 무언가를 내게 물어보려 애썼지만 말이 통할 리 없는 우리는 서로 마주보며 웃기만 할 뿐이었다.

작고 한적한 시골마을 닌빈이 점점 마음에 든다.

하루의 피로를 싹 씻어주는 시원하고 달달한 카페쓰아다를 한 모금 마시며 별들이 총총히 빛나는 밤하늘을 바라본다.

'난 참 행복한 사람이야.'

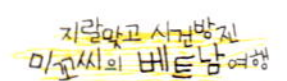

시니컬하시네요!

매끼 같은 음식점에서 먹는 볶음밥이 물려 자전거를 타고 도로변으로 나가보았다. 딱히 갈만한 음식점은 역시 눈에 띄지 않는다. 두리번두리번 거리다가 경적소리에 소스라치게 놀라는 나를 신기한 듯 쳐다보는 사람들의 시선쯤은 이저 익숙해졌다.

진한 육수 냄새를 따라 찾아간 곳은 닭으로 육수를 내고 닭고기를 얹어주는 쌀국수 퍼 가Pho Ga만을 파는 음식점이다.
열 살 남짓한 여자아이가 아침도 점심도 아닌 시간에 쌀국수를 먹으러 온 낯선 외지인을 물끄러미 쳐다보더니 TV로 눈길을 옮긴다. TV에서는 한국 아이돌 가수들의 뮤직비디오가 흘러나오고 있다. 반가운 마음에 물어보지도 않았는데 큰소리로 나도 모르게 외친다.

    "아이 엠 코리안"

여자아이는 '그래서 뭐?' 라는 듯 시니컬한 표정으로 나를 쳐다보더니, 휙 돌아서 쌀국수를 가지러 가버린다.
뭐, 참 많이 어색해지는 순간이다.
빈둥빈둥 구석에서 차를 홀짝홀짝 마시던 주인아저씨는 이런 나를 흘깃 보고 키득키득 웃음을 참지 못한다.

                                                    '아~ 창피해!'

닭 쌀국수만 판다기에 진짜 맛있는 퍼가를 내심 기대했다. 원래 유명한 음식점은 메뉴가 하나밖에 없어도 사람들이 줄을 서서 기다리니까, 여기 베트남도 분명 그럴 거라고 멋대로 생각했다.

'드디어 제대로 된 맛있는 베트남 쌀국수를 맛보는 것인가?'

쌀국수가 나오자마자 얼른 국물부터 한입 떠 마신다. '헉!' 닭 뼈와 껍질만 가지고 국물을 낸 건지 맛은 밍밍하고 입안이 미끄덩거린다. 게다가 잘게 썰려 육수에 둥둥 떠 있는 수많은 향채에서 뿜어져 나오는 강한 향 때문에 도저히 먹을 수가 없다. 입안의 기름기를 없애려고 시킨 콜라는 대체 언제 갖다 났는지 완벽하게(이렇게 완벽할 수가 없다.) 김이 몽땅 빠져 톡 쏘는 탄산 특유의 맛이 전혀 없다. 그저 헛웃음만 나온다.

'내가 웃는 게 웃는 게 아냐'

먹는 둥 마는 둥 식사를 마치고 식당을 나와 내일 하노이로 돌아갈 버스표를 예약하기 위해 닌빈 버스 정류장을 찾았다.

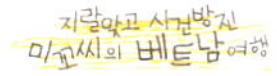

버스 정류장 입구에는 일거리가 없어 오토바이에 늘어져 쉬고 있던 세옴 아저씨들이 외국인의 등장에 다들 벌떡벌떡 반사적으로 일어나며 나를 반겨준다. 어쩌다 굴러들어온 먹잇감을 아저씨들은 어떻게든 놓치고 싶지 않아서 온갖 투어를 얘기하며 나를 유혹한다. 조금 전 식당에서 만났던 시니컬한 여자아이보다 더 시니컬한 표정으로 그들을 매몰차게 무시하고 당당하게 매표소로 향한다.

'미안해요, 배가 고파서 그래요.'

매표소 아주머니는 당일 표밖에 판매하지 않는다며, 내일 원하는 출발 시간 1시간 전에 와서 표를 구매하라고 무표정한 얼굴로 시니컬하게 말한다. 닌빈의 여자들은 모두 시니컬한 걸까?

'그래도 나름 매력적인걸.'

해발 1,600m의 베트남 북부 고산지역 사파는
고산 소수민족들의 생활을 만날 수 있고,
논다랑이와 함께 펼쳐지는 자연 경관을 바라보는 것만으로도
사파는 무척이나 매력적인 곳이다.
베트남 북서부 여행의 중심지,
고산평원 서쪽 안쪽에 자리 잡은
유럽의 작은 시골마을 같은 사파.

9시간 동안 상영되는 공포영화

제대로 된 표지판 하나 없는 하노이 기차역에서 라오까이행 기차를 찾아 헤맨다. 닌 빈에서 탄 미니버스가 하노이까지 내 몸을 쉴 새 없이 흔들어대는 통에 머리는 띵하고, 두 개나 되는 커다란 배낭 덕에 화장실도 가지 못한 채 라오까이행 열차의 문이 열리기만을 기다린다.

베트남은 밤이 더 더울 때가 있다. 밤인데도 오히려 대낮보다 무더운 이런 날은 짜증이 심하게 밀려와 지랄 맞은 내 성질이 그대로 얼굴에 들어나 버린다.
드디어 플랫폼에 도착한 라오까이행 슬리핑 기차에 올라타서 내 침대칸을 찾아들어간다.

4인실 소프트 침대칸 1열 6번 침대가 오늘 나의 잠자리이다. 기대 이상으로 깔끔하게 정리되어 있는 침대칸을 보니 조금 전까지 밀려오던 짜증이 금세 사리지고 살짝 기분이 들뜨는 게 내가 조울증이 아닌가 싶다.
제일 먼저 도착한 나는 침대에 걸터앉아 라오까이까지 함께 갈 나머지 3명의 침대 주인이 어떤 사람들일지 기대를 해본다. 재미있는 여행객이었으면 좋겠고, 3명이 다 남자면 안 되고, 도도한 영국 사람과 냄새나는 중국 사람만 아니었으면 좋겠다. 아! 하나 더 커플은 절대 아니었으면 좋겠고, …….

　　‘킥킥킥 까다롭긴’

잠시 후 드르륵 문이 열리고 체구가 작은 베트남 청년이 들어 온다. 내 위쪽 침대의 주인이다. 얼마 지나지 않아 다시 문이 열린다. 큰 키, 큰 덩치와 어울리지 않는 히피 차림의 서양 남자와 가녀린 몸매에 무척이나 도도하고 애교가 넘치는 섹시한 베트남 여자가 들어온다. 절대 커플이 아니길 바래보지만 이 둘은 커플이다. 여자가 봐도 묘한 매력을 풍기면서 영어까지 유창하게(발음이 예사롭지 않았다.) 구사하는 베트남 여자는 서양 남자친구를 자기 손바닥에 올려놓고 쥐락펴락하는 것을 보니 여우 중의 불여우가 따로 없어 보인다.

'저런 걸 배워야 하는데, 저게 바로 연예 선수들만 한다는 그거야.'

하지만 바로 내 눈앞에서 보자니 눈꼴시어 더 이상 봐주기가 힘들다.
눈을 질끈 감아버린다.

잃어버렸던 아니 정확히 말하면 '사라진' 노트북 충전기를 새로 구해보려고 하노이의 용산이라 불리는 전자제품 가게들을 이 잡듯이 돌아다녔다. 하지만 결국 구하지 못하고 체력만 바닥이 나버려 피곤한 상태였고, 이들과의 대화도 하고 싶지 않아 일찌감치 고양이 세수를 하고 침대에 누워 잠을 청한다.

숨소리까지 고스란히 들리는 좁은 공간의 4인실 침대칸. 여우같은 베트남 여자와 어눌해 보이는 서양 남자 커플은 혼자 눕기도 좁은 침대에 나란히 누워 노트북으로 영화를 보면서 틈만 나면 쪽쪽, 뽀뽀를 해대는 모습에 심기가 불편해진다.

'영화를 보는 거야? 영화를 찍는 거야? 에잇, 잠이나 자자!'

덜컹덜컹, 기차가 흔들거리며 출발을 한다.
하지만 시간이 흐를수록 점점 좌우로 심하게 흔들리는 것이 잠이나 자려했던 내 의지를 확 달아나게 했고, 무서운 속도로 질주하는 순간부터는 탈선에 대한 공포감이 밀려온다.

'헉, 이러다 기차가 탈선하는 거 아냐?'

게다가 기차 안에 승객들을 모두 얼려죽일 모양인지 강하게 틀어놓은 에어컨 바람은
이불을 머리끝까지 덮어써도 이불 틈새를 비집고 들어와 탈선에 대한 공포감을 더욱
강하게 불어넣었다.

지금 이 순간 온 몸을 얼리는 차가운 에어컨 바람과 탈선의 공포는 마치 한 편의 공포
영화와도 같이 너무 잘 어울린다.

상영 시간 : 9시간
촬영 장소 : 라오까이행 기차
장르 : 무시무시한 공포영화!

혹시, 그래도 직접 타보고 싶나요?

미스터 하의
깟깟호텔

괴기스럽게 내달리던 기차가 새벽안개 자욱한 라오까이역에 도착한다. 기차가 긴 숨을 내쉬고 토해낸 사람들은 짙은 안개 속에 마치 좀비처럼 터벅터벅 걸어 내려 플랫폼을 빠져나간다. 드디어 9시간의 공포영화가 끝났다.

이른 새벽인데도 사파로 향하는 여행자보다는 미니버스 호객꾼들이 더 많다. 그래서 어렵게 데려온 승객을 다른 호텔 호객꾼이 꼬여서 채가기라도 하면 성깔 있는 베트남 사람답게 욕을 해가며 얼굴이 터져라 고래고래 소리질러가며 싸운다. 싸움이 난 곳이면 여행객이나 현지인 할 것 없이 제 몰려들어 구경하는 것이, 사람 사는 곳은 어디나 다 똑같은 모양이다.

나도 초코우유를 마시며 좀 떨어진 곳에서 싸움을 구경한다. 사파로 가려면 라오까이역 광장에 세워진 수많은 미니버스 중 하나를 선택해야 한다. 깔끔하고 전망도 좋다며 승필 군이 적극 추천해준 깟깟호텔 Cat Cat Hotel 에서 머물 생각을 하고 왔는데, 내가 우연히 올라 탄 차가 바로 깟깟호텔의 미니버스인 것을 확인하고 혼자 피식 웃는다.

삐쩍 마르고 기름기로 떡진 5:5 가르마의 깟깟호텔 주인 미스터 하.
그는 라오까이역에서 사파로 가는 여행자들 중에 숙소를 정하지 않은 사람들을 자신의 호텔로 데려가려고 매일 새벽마다 이곳으로 출근한다. 승필 군의 적극 추천으로 이미 깟깟호텔에 묵을 생각이었던 나는 미스터 하에게 흥정을 걸어본다.

　　　"너희 호텔은 어때?"
　　　"깟깟 마을 입구에 있는 정말 좋은 호텔이야, 아마 너도 마음에 들 걸!"

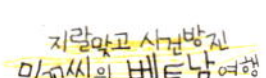

"얼마야?"
"더블 침대, TV, 핫 샤워, 발코니가 있는 방. 10달러"
"10달러라. 열흘 정도 머물 예정인데……."
"오! 그래?"

열흘이란 말에 작은 눈을 동그랗게 뜨고 절대 놓치면 안 되겠다 생각했는지 미스터 하는 나에게 제안을 하나한다.

"이건 말이야, 정말 너에게만 해주는 건데 조식을 매일 무료로 줄게. 정말 이건 너에게만 해주는 특별한 대우야. 그러니까 다른 사람에게는 비밀이야."
"어…… 그래? 좋아"

나에게만 해준다는 특별 혜택은 분명 다른 여행자에게도 했으리라. 하지만 매일 아침 무료 조식 제공은 나쁘지 않은 조건이기에 미스터 하의 조건에 응하고 나서야 우리는 웃으며 서로 인사를 나눈다.

"반가워, 미스터 하"
"반가워, 미꼬씨"

사파, 우연은 인연을 만든다.

계단 쪽 창가로 놓여있는 나무 책상, 벽에 매달린 TV, 널찍한 더블 침대, 깔끔한 화장실, 원형 티 테이블, 침대 옆 커다란 창문 그리고 운동장처럼 넓은 발코니에 마련된 소파까지 모든 것이 만족스럽다. 발코니에서 내려다보이는 골목 맞은편 호텔 앞에는 고산족 여인들이 삼삼오오 모여 수다를 떨고 있다.

전망 좋은 하늘 언덕에 자리한 깟깟호텔, 2층 방.
베트남에서 처음으로 완벽한 나만의 머물 곳을 찾았다.

CAT CAT HOTEL
Tel: 0203871387
Fax:0203872944
Email:catcathotel@vnn.vn
Website:www.sapatravel.biz

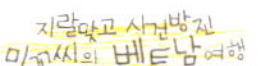

꼭꼭 숨어라!
머리카락 보인다

사파, 부슬부슬 비가 내리기 시작한다.
우기니까 비가 하루에도 몇 차례씩 오는 건 당연하지만
이렇게 비 오는 날이 계속 된다면 난 사파를 일찍 떠나야 될지도 므른다.

비가 내리는 사파,
오늘은 하루 종일 일없이 쉬면서 보내리라.
나는 오늘 하루 사파에는 없는 사람이 되는 거야,
찾을 수 없도록 꼭꼭 숨어버린 그런 사람.

커튼을 모두 치고 들어오는 빛 하나 없는 방,
몸을 흡수해버리는 푹신한 침대의 두툼한 이불에 내 몸을 숨기고,
사파에 내리는 빗방울 소리를 자장가 삼아 스르르 잠이 든다.

오늘만은 나를 찾지 마, 나도 너를 찾지 않을 테니.
인사는 내일 하자, 사파야!

사파와 나만의 숨바꼭질.
'꼭꼭 숨어라! 머리카락 보일라.'

지랄맞고 사랑방진
미꼬씨의 베트남여행

아침을 깨우다

산등성이에 걸리는 새벽 운무가 장관이라는 사파의 풍경은 날씨가 계속 좋지 않거나 늦잠을 자는 바람에 제대로 만난 적이 없다. 고산족 여인들은 새벽같이 일어나 한두 시간이 넘게 걸리는 거리를 걸어오거나 남편의 오토바이를 타고 외국 여행객이 많은 이곳까지 모여든다. 특히 건너편 호텔 앞마당은 이들이 하나 둘 모여드는 곳으로 이들은 새벽부터 정다운 수다로 나의 아침을 깨운다.

나는 매일 아침 발코니에서 호텔 앞으로 모여드는 고산족 여인들의 출석을 체크해본다.

"하나, 둘, 셋, 어……. 어제는 안 보이던 사람도 있네. 넷, 다섯 ……."

세수하고 나오면 한두 명 늘어나고, 양치질하고 나오면 또 한두 명 늘어나고 ……. 일 없이 그들의 수를 헤아리다보면 어떤 날은 넓지 않은 호텔 앞마당이 꽉 차게 30명 이상 모일 때도 있다. 문득 이들이 무섭게 느껴지는 건 하노이 호텔 방에서 잡아도 잡아도 날이 갈수록 오히려 그 수가 늘어나던 개미 행렬이 떠올랐기 때문이다.

매일 아침 이렇게 발코니에서 몰래 그들을 관찰하던 나는 어느 날 그들의 눈에 띄고 말았다. 순간 당황하여 숨을까했지만 몽족 소녀의 환한 손 인사에 발코니에 올라서서 발뒤꿈치까지 들고 힘차게 손을 흔들며 나도 인사를 건넨다.

"안녕! Hello!"

하나 둘 고개를 돌려 내 쪽을 쳐다보던 여인들이 일제히 나를 향해 한껏 웃으며 손을 흔들어 준다.

"굿모닝!"

며칠 째 사파를 떠나지 않고 매일 아침 발코니에서 자신들을 훔쳐보던 외지인을 그들의 친구로 맞이할 준비가 된 거라고 혼자 착각하는 것도 잊지 않는다. 산등성이에 운무 따위는 걸려있지 않지만 좋은 날이다.

이제 나는 더 이상 사파에서
낮선 이방인이 아니다.

깟깟 호텔의
아침 메뉴

깟깟 호텔의 블랙퍼스트 타임 오전 7시 ~ 10시

깟깟 호텔의 블랙퍼스트 메뉴

빵과 잼(Bread & Jam),
빵과 버터(Bread & Butter),
빵과 과일(Bread & Fruit)
빵과 계란프라이(Bread & Egg fried),
빵과 오믈렛(Bread & Omelet)

중 한 가지 선택.

핫커피(Hot Coffee),
핫 밀크커피(Hot Milk Coffee),
아이스커피(Ice Coffee),
아이스 밀크커피(Ice Milk Coffee)

중 한 가지 선택.

뭔가 메뉴가 다양해 보이지만 알고 보면 무료 조식 제공의 인심은 그리 후하지 않다.
따끈한 빵을 반으로 갈라 버터와 잼을 바른 후 오믈렛을 넣어 과일과 곁들여 먹고 싶
지만 야박스럽게 나뉜 메뉴에 잠시 고민을 하다 빵과 오믈렛 그리고 핫 밀크커피로 주
문한다. 뭔가 부족한 아침 식사를 해결하고 왠지 모를 찝찝한 기분으로 돌아선다.

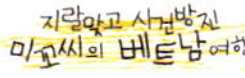

몽족 소녀 샤샤

아침 식사를 마치고 호텔 로비 계단에 앉아 모처럼 일광욕을 즐기며 지나가는 사람들을 구경한다. 긴 머리를 단정하게 하나로 묶고 몽족 의상을 입은 야무지게 생긴 여자 아이가 다가오더니 내게 말을 건넨다.

"안녕, 며칠 전부터 너를 봤어. 계속 여기에 묵는 거야?"
"응"
"얼마나 사파에 있는 거야?"
"글쎄, 한 열흘 정도, 정확히는 나도 잘 몰라."

열흘이란 말에 작고 깜찍한 여자 아이의 눈이 휘둥그레진다.

"이름이 뭐야?"
"미꼬씨, 너는 이름이 뭐니?"
"샤샤, 근데 미꼬씨는 몇 살이야?"

드디어 나이 이야기가 나온다.

"내 나이는 완전 비밀이야."

내 대답에 살짝 미간을 찌푸리며 고개를 갸우뚱하는 샤샤에게 묻는다.

"샤샤, 내가 몇 살인 거 같아?"
"18살"

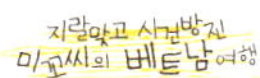

망설임 없는 대답으로 순식간에 나를 십대 소녀로 만들어준 샤샤 덕분에 아침부터 기분이 말도 못하게 좋아진다.

"정말? 하하, 고마워. 샤샤는 몇 살이야?"
"12살, 근데 미꼬씨 예뻐"
"샤샤, 너도 정말 예뻐"

어린 샤샤가 듣기 좋으라고 한 말이란 걸 뻔히 알지만 그래도 기분이 좋아지는 걸 보면 나도 여자는 여자인가보다.
다음날 어찌된 일인지 샤샤는 보이지 않는다. 그 다음날도, 그 다음 날도 그렇게 내가 사파를 떠나는 날까지 샤샤는 나타나지 않았다.

예쁜 말만 하고 사라진
샤샤는 지금
사파 어딘가에서
잘 살고 있겠지?

트레킹 파트너
드엉

걸어서 사파 주변 마을을 둘러보는 1일 트레킹을 신청했다.

사파에 온 후 처음으로 신청한 투어지만 운도 지지리 없지 새벽부터 하늘에서는 비가 내린다. 빗소리에 일찍 일어나 발코니에 서서 우산을 활짝 펼쳐들고 모여 있는 고산족 여인들의 출석을 체크하는 것으로 나의 아침을 시작한다.

이곳 사파에 온 후 사실 나는 좀 외로웠다.

닌빈에서 만났던 노노와 제제는 일정이 변경되어 사파에서는 만나지 못할 것 같다는 메일을 보내왔다. 이야기 나눌 친구 하나 만나지 못하고 마을 주변만 쳇바퀴 돌 듯 돌아다녔다. 처음에는 조용한 산골 마을 사파에서 혼자라는 것이 나쁘지만은 않았다. 하지만 시간이 지날수록 미스터 하와 안주인 이안에게 아침 인사를 하고 나면 거리에서 몽족 또는 자오족 여인들이 내게 말을 걸어오지 않는 한 침묵으로 하루를 보낼 때도 있다.

간밤에 조용히 내려앉은 새벽 서리의 한기를 따뜻한 커피 한 잔으로 녹이며, 함께할 가이드와 멤버들을 기다린다.

가이드가 왔다는 미스터 하의 말을 듣고 후다닥 로비로 뛰어 내려간다.

> "안녕, 오늘 트레킹 가이드를 할 드엉이야"
> "드엉? 안녕 드엉"

순진무구한 농촌 총각의 모습을 한 젊은 베트남 청년 드엉은 나에게 수줍게 인사를 건넨다.

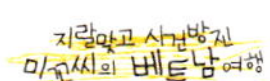

드엉은 내가 신은 운동화 상태를 살피고, 우비는 챙겼는지 꼼꼼히 확인을 해준다. 나는 미스터 하와 이안의 배웅을 받으며 트레킹의 첫발을 내딛는다. 등바구니를 멘 채 잠시도 손을 놀리지 않고 계속 뭔가를 만들고 있던 몽족 여인 한 명도 조용히 우리 뒤에 따라 붙는다.

며칠간 발코니에서 이들을 지켜본 결과 트레킹을 떠나는 외국인들에게 몽족 여인이 한 명씩 따라나서 그들과 말동무를 해주고 나중에 자신들의 물건을 파는 듯 했다. 아마 오늘 이 여인의 타깃은 나인 것이 분명하다. 여인이 짊어진 등바구니처럼 원치 않은 그녀를 내 뒤에 짊어진 기분으로 트래킹에 나선다.

　"드엉, 다른 트레킹 멤버는 어디에 있어?"
　"다른 트레킹 멤버? 다른 사람은 없어. 오늘 트레킹을 신청한 사람은 너뿐이야."
　"오 마이 갓, 정말? 너랑 나랑 오늘 단 둘이 간다고?"

몇 번의 투어에서 만났던 베트남 가이드들을 떠올려본다. 알아들을 수 없는 영어로 내 귀를 일찌감치 닫게 만들고, 다른 투어객들에 묻혀 내가 딴 짓을 하든 말든 신경을 쓰지 않았는데, 오늘은 꼼짝없이 드엉의 말에 귀 기울여야 할 걸 생각하니 머리부터 아파온다.

　'트레킹은 반나절 이상 걸리니까, 흠……, 6시간씩이나 …… 흑흑흑.'

딱 한 걸음 정도의 거리를 두고 계속 졸졸 따라오는 몽족 여인어게 괜한 짜증을 내고 싶었지만 참고 드엉과 친해져보기로 마음을 먹는다.

닌빈 근처의 작은 마을이 고향인 28살의 드엉은 가족들의 생계를 위해 이곳 사파에서 외국인들을 상대로 가이드를 하고 있는 성실한 청년이다. 천만다행으로 드엉의 영어는 알아듣기 쉬워서 걸어가는 내내 둘만의 대화가 끊어지지 않는다.

　"난 네가 21살 정도인 줄 알았어."

또래의 다른 베트남 남자들에 비해 어려보이는 드엉에게 입바른 소리를 해본다.
　"너도 그렇게 보여"

'어라, 내가 몇 살인지도 모르면서 어려 보인다는 거짓부렁이를 하네.'
내 마음에 쏙 드는 가이드를 만난 것 같다.

"남자 친구는 있어?"
"응……."

늘 여행 중에는 남자들이 남자 친구 있느냐고 물으면 대놓고 거짓말을 한다. 솔직히
대답했다가 난처한 일이 생기는 것보다는 이 방법이 좋다는 것을 이미 몇 번의 여행
경험에서 터득했기 때문이다.

"한국말로 애인은 뭐라고 해?"

부슬부슬 내리는 비 때문에 질퍽해진 진흙탕 길을 걸으며 드엉은 한국 연인들이 궁금
한가보다.

"남자보다 나이가 적은 여자는 오빠라고 부르는데, 나는 그냥 '자기야' 라고 해."
"자기야? 무슨 뜻이야?"
"허니랑 비슷한 호칭이야"
"아 ~"

무슨 말인지 이해했다는 듯이 드엉은 미소를 띠며 고개를 끄덕인다. 그리고 혼자서
중얼중얼 '자기야' 를 읊조린다.
그렇게 얼마를 걷다가 땅이 미끄러워 넘어질 뻔한 내게 드엉이 외친다.

"자기야~ 나두고 먼저 가지마."
"하 하 하"

이런 말을 내뱉고 본인도 쑥스러웠는지 얼굴이 빨개지더니 고개를 돌려 빠른 걸음으
로 나를 앞장서서 걸어간다.

순진한 얼굴이지만
약간은 순진하지 않을지도 모를,
그래도 순진해 보이는
나의 트레킹 파트너 드엉은
오늘도 사파에서
낯선 외국인들을 가이드하며
새로운 추억들을 만들고 있겠지.

그림자가
되어준 루

사실 트레킹 출발부터 우리 뒤를 쫓아오던 몽족 여인이 여간 신경 쓰이고 귀찮은 존재
가 아니었다.

'분명 자기 마음대로 쫓아와놓고 나중에 돈을 달라고 하거나 뭔가를 사달라고 하겠지?'

트래킹을 가는 곳이 어차피 그녀가 살고 있는 마을이기 때문에 따라 오지 말라고도 할
수 없는 노릇이다. 이런 상황이 되면 이상하게 매몰차지지 못한다. 분명 내 지갑에서
돈이 나갈 것이고, 기분은 상당히 불쾌해질 텐데도 말이다. 정말 많아 봐야 30대 초반
정도겠지만, 외모는 벌써 30대 후반에서 40대 초반으로 보일만큼 얼굴에는 깊게 패
인 주름이 선명하다. 중간 중간 나와 드엉의 대화가 끊어질 때면 그녀는 톡톡 손가락
으로 내 등을 두드리며 말을 걸어온다.

　　　"어디서 왔어?"
　　　"이름은 뭐야? 몇 살이야?"
　　　"사파에는 얼마나 머물 거야?"
　　　"결혼은 했어?"

그녀가 알고 있는 영어를 총동원해서 나의 신상 조사를 시작한다.

　　　"내 이름은 루야"

이름과는 왠지 어울리지 않는 외모를 가진 루. 기왕에 이렇게 된 거 그녀와도 즐거운
동행을 하고자 마음을 연다. 하지만 루는 드엉과 나 사이의 대화에는 절대로 끼어들

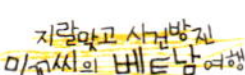

지 않는다. 미끄러운 길이나 강을 건너야할 때면 쑥스러워 드엉이 잡아주지 못하는
내 손을 루가 대신 잡아준다.

"고마워, 루"
"천만에"

별거 아니라고 대답하고는 묵묵히 다시 우리 뒤에서 걷는다. 우리가 멈추면 그녀도
멈추고, 다시 걸으면 쫓아오고, 우리가 쉬면 그녀도 한 발치 물러선 곳에서 쉰다.
마치 나의 그림자처럼.
곁으로 오라 해도 그녀는 수줍게 웃을 뿐 괜찮다며 내 뒤에서만 조용히 따라온다.

마을에 도착하자 루는 자기가 사는 마을이라며, 직접 알록달록하게 수놓아 만든 물건들을 보여주면 조심스럽게 내게 묻는다.

　　"뭐 하나 사지 않을래?"

험난한 트레킹에서 손을 잡아준 그녀에게 작은 보답으로 2만 동을 건네며 물건은 필요 없다고 하자 루는 놀란 토끼눈으로 드엉을 쳐다보고 드엉은 더 놀란 눈으로 나를 쳐다본다. 그녀의 두 손을 잡고 미소를 담아 진심으로 얘기한다.

　　"정말 고마웠어, 루"

루는 그녀의 작은 가방에서 직접 수놓은 팔찌를 내 팔목에 채워주고는 작은 목소리로 속삭인다.

"고마워, 행운이 함께하길⋯⋯."

루는 우리와 작별 인사를 나누고
그녀의 집이 있는 고산마을로
발길을 돌린다.

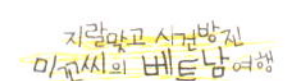

고산마을
트레킹

비가 슬며시 개이더니 태양이 구름 사이로 얼굴을 드민다.
트레킹을 감동적으로 만들어준 풍경은 산봉우리에 걸린 운무나 기암괴석이 아니라
산비탈을 깎아서 만든 논다랑이었다. 하늘 아래 펼쳐진 논다랑이를 보고 있자니 이곳
을 떠나지 못하는 고산족들의 심정이 충분히 이해가 되는 것 같다.
불어난 물 때문에 물살이 제법 거세진 강에는 마을로 통하는 허술한 나무다리를 지키
고 서서 이방인들에게 통행료를 뜯어내는 어린 남자 아이들이 있었다. 드엉과 루는
공짜로 다리를 건너게 해주면서 내게는 2천 동을 지불하라고 한다.

        '참나, 맹랑한 녀석들'

서양 관광객들을 가이드하는 17살의 몽족 소녀를 강가에서 만났다. 한국 관광객에게
배운 건지 나에게 다짜고짜 동생이라 부르며, 자신을 언니라고 부르란다. 뜻을 잘못
이해한 게 분명해서 '내가 언니고, 네가 동생이야.' 라고 알려줘도 고집 센 소녀는 죽
어도 자기가 언니란다.

        "그래 내가 졌다. 네가 언니 해라, 내가 17살 언니를 둔 동생하마."

그녀는 어릴 때부터 여행객들을 따라다니면 어깨 너머로 배운 영어와 프랑스어를 제법
유창하게 구사한다. 팔자걸음으로 앞장서서 걸으며, 따라오는 서양인들에게 돌아가며
노래까지 시킬 정도로 관광객들을 쥐락펴락 휘어잡는 그녀가 왠지 마음에 쏙 든다.
드엉에게 그녀를 가리키며 물어본다.

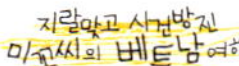

"쟤, 네 여자 친구로 어때?"
"별론데."

한국이나 베트남 남자들은 역시나 조신한 여자를 좋아하지 자기보다 잘난 여자는 별로라고 생각하는가보다.

강가에 앉아 잠시 쉰다. 옹기종기 바위에 앉아 있는 서양인들은 자신의 가이드를 잃어버리기라도 할까봐 그녀 옆에 바싹 붙어 앉아있는 모습이 참으로 우습다. 루는 커다란 바위 위에 앉아 그 짧은 시간에도 열심히 수를 놓고, 드엉과 나는 강물에 물수제비를 띄운다. 드엉은 어떻게 하면 더 많이 물수제비를 뜰 수 있는지 자세부터 알려주지만, 나는 뜻대로 되지 않자 커다란 돌을 물속으로 첨벙 집어던져 사방에 물이 튀도록 하는 심술을 부리고는 드엉을 향해 크게 웃어버렸다.
바람결에 노랗게 물든 벼가 춤추는 논들을 지나고, 몇 개의 마을을 지나 다리를 건너니 오늘 예정된 트레킹이 끝이 났다.

가이드라기보다는 친구에 더 가까웠던 드엉과의 트레킹.
사파에 있는 동안 가장 즐거웠던 하루가 그렇게 끝났다.
'잘 가, 너 최고의 가이드 드엉'

사파에서의
일없는 하루

길지 않은 사파 번화가 골목에는 서양인들을 유혹하는 나름 고급스러운 유럽식 레스토랑들이 있다. 그런데 가격은 '헉' 소리 나게 비싸고, 맛은 '윽' 소리 나게 형편없다. 물론 모두 다 가본 것이 아니기 때문에 어쩌면 맛있는 레스토랑도 있을 것이다. 하지만 운이 없었던 건지 '오늘은 폼 나게 돈 좀 써볼까' 라고 마음먹고 들어간 비싼 레스토랑의 음식은 내 입맛을 제대로 버려놓았다.
비싼 레스토랑대신 사파 성당 옆 노점 식당으로 자리를 옮겨 쇠고기 덮밥인 껌보^{Com} ^{Bo} 가격을 물어보니 어이없게도 5만 동이란다.

> '뭐, 5만 동? 오! 너는 분명 사기꾼이야.'

비록 맛은 없지만 근사한 레스토랑의 볶음밥도 5만 동인데 천막하나 세워놓고 청결하지도 않은 길거리 음식점에서 5만 동이라니. '이거, 누굴 호구로 아는 거야!'

맛없는 레스토랑과 터무니없이 비싼 노점 식당에서 나의 허기를 채워줄 음식을 선택하지 못한 채 결국 호텔로 돌아왔다. 깟깟호텔의 안주인 이안이 만들어 준 크림파스타를 먹고 나니 음식에 대한 갈증이 말끔히 해소된다. 이안에게 맛있게 먹었다는 표시로 엄지손가락을 번쩍 치켜들어준다.
저녁 7시면 거리는 활기를 잃고, 9시가 되면 아예 인적마저 거의 끊어지는 한적한 시골마을 사파.

이른 아침부터 사파 마을로 출근한 소수민족 사람들은 해가 지기 전에 모두 자신들의 마을로 돌아가 버리기 때문에 마을에는 몇 몇의 외국인과 현지인들만 남아있을 뿐이다. 붐벼야할 저녁 시간이지만 사파의 거리는 온통 한가하다. 손님 하나 테이블에 앉아있지 않은 가게들을 보면 이러다 망하는 건 아니진 괜한 걱정까지 든다.

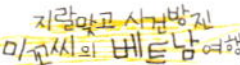

어둑한 밤이 되면 고산지대 사파 마을은 산으로부터 안개가 조용히 깔리기 시작한다. 추적추적 비가 내리고 안개가 낮게 깔려 앞이 잘 보이지 않는 밤이면 스산한 기분까지 든다.

스멀스멀 풍겨 올라오는 비릿한 비 냄새, 호텔 골목은 가게에서 새나오는 불빛과 인적 없는 고요함만 가득하다. 호텔을 등지고 골목에 서서 비릿하게 피어오르는 비 냄새에 취해 멍하니 추적추적 내리는 비를 맞으며 길게 숨을 빨아들인다. 짙은 안개 때문인지 더 깜깜한 저녁, 주변 공기는 차갑고 비릿한 비 냄새가 콧속 깊숙이 빨려 들어와 가슴속까지 들어찬다. 다시 숨을 길게 내쉰다.

지극히 사파스러운 날씨에 푹 빠져
잠시 나를 잃는다.

사람이기에 외롭고,
외롭기에 사랑이 그립다

사랑, 지긋지긋한 집착에서 벗어나고자 떠났던 나의 첫 배낭여행. 그 후 사랑 따위는 내 관심에서 벗어났다고 스스로 말했지만 여전히 나는 사랑에 목마르다. 특히 여행 중의 공허함과 외로움은 그 무엇으로도 달랠 수 없음이 늘 문제다.

사람이기에 외롭고, 외롭기 때문에 사랑이 그리워진다.

떠나버린 사랑에 집착하면 헛된 시간들이 계속 흘러갈 것이고, 현재 사랑에 집착하면 미래 사랑이 불안해지고, 미래 사랑에 허황된 꿈을 꾸면 현재 사랑이 떠나갈지도 모른다.
문득문득 옛사랑의 그림자를 나도 모르게 기억 속에서 끄집어낸다.
햇살 좋은 날, 발코니 소파에 기대앉아 일광욕을 하다말고 왜 이런 생각을 하고 있는 거지? 아무래도 사파에서 혼자 보내는 시간이 많아지다 보니 나는 지금 단단히 외로운가보다.
하필 왜? 이곳 사파에서.

문득 빨래를 해야겠다는 생각이 든다.
빨래의 양이 많을 때는 리셉션에 킬로그램 당 2만 5천 동인 세탁 서비스를 맡기지만 속옷이나 간단한 옷가지는 화장실에 쪼그려 앉아 콸콸 쏟아지는 샤워기 물에 직접 빨래를 한다. 빨래 세제가 제공될 리 없는 호텔에서 세숫비누로 문대가며 나름 열심히 손빨래를 한다. 그러다보면 어느새 이마에 송골송골 땀방울까지 맺힌다.
이 나이 먹도록 집에서는 죽어도 하지 않던 빨래, 아니 하지 못한다고, 할 줄 모른다고 우기던 빨래, 그것도 손빨래를 지금 베트남 사파의 한 호텔에서 내가 하고 있다. 우리 엄마가 알면 기막힐 일이다. 게다가 이왕 하는 거 나름 깔끔하게 묻은 때가 지워질 때까지 옷이 해져라 빡빡 문댄다. 거품이 얼굴에 묻어도 기분은 좋다.

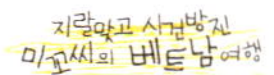

발코니에 걸려있는 빨랫줄에 방금 나의 수고로 깨끗해진 옷가지를 시원하게 탁탁 털어가며 넌다.

살랑살랑 불어오는 바람에 맞춰 빨랫줄에 걸린 빨래가 춤을 춘다.
1시간이나 열심히 빨래를 했으니 기특한 내 몸을 편안하게 침대에 눕혀준다.
커다란 침대 옆 창문을 열고 타람결에 춤추는 빨래 너머로 보이는 산을 바라보다 스르르 잠이 든다.

이곳 사파에 서서히 물들어가고 있다.

짬똔 언덕

마을을 벗어나야 했다. 작고도 작은 사파 마을.

사파 시장을 지나 계단을 오르고 소수민족들이 물건을 내다파는 광장을 지나 사파 성당주변을 어슬렁거리는 것이 나의 하루일과의 전부다. 투어를 하라며 귀찮게 붙잡던 세옴 아저씨들은 며칠째 빈둥거리며 돌아다니는 내가 더 이상 그들의 고객이 될 수 없음을 눈치 채고 이젠 외면한다. 귀찮아하던 그들이 더 이상 말을 걸어주지 않자 왠지 섭섭한 마음이 생기는 건 이기적인 마음이겠지.

사파 마을을 벗어나기로 결심했다. 오토바이 투어를 신청하려고 미스터 하를 찾으니 뭐 대단한 일도 아닌데 자신이 투어를 가는 것처럼 무척이나 기뻐한다. '드디어 이 아이가 나갔다 오려나 보다.' 라고 생각하는 게 분명하다.

    "어디로 가면 좋을까?"
    "음, 짬똔 언덕과 판시판은 반나절이면 다녀올 수 있어"

호텔과 마을을 벗어나는 나를 위해 미스터 하는 지도를 펼쳐 보이며, 내가 가면 좋은 곳의 이동 경로를 열심히 설명해준다.

    "나 오토바이 못타."
    "네가 오토바이를 탈 줄 알아도 여긴 위험해서 안 돼, 거기가 얼마나 높고 가는 길이 험한데. 내일 아침 9시에 세옴 기사를 불러 줄 테니 타고 가."
    "아, 그러면 중간 중간 오토바이를 세우고, 내가 사진 찍는 동안 기다릴 수 있는 세옴 기사로 알아봐줘."

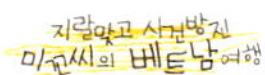

“오케이, 하지만 비용이 추가된다는 거 잊지 마.”
“응, 그리고 저번에 트레킹했던 마을도 다시 한 번 다녀오고 싶어.”
“알았어, 그러면 또 비용이 추가되는 거 알지?”

다음날 아침, 세옴 기사 '덩' 아저씨가 깟깟호텔 앞으로 나를 데리러 왔다. 내심 트레킹 가이드였던 드엉이 다시 세옴 기사로 변신해 나타나주기를 바랬다. 실망한 표정이 그대로 내 얼굴에 묻어난다. 그렇다고 덩 아저씨가 싫은 것은 아니었다. 다시 새로운 사람을 사귀는 과정이 귀찮았을 뿐이다.

“판시판을 다녀오는 길은 정말 힘들어. 하지만 덩, 이 친구는 운전을 잘하니까 걱정할 건 없어. 그리고 영어도 곧잘 하니까 답답하지 않을 거야.”

뭔가 마음에 들지 않는 표정을 알아챈 미스터 하는 열심히 덩 아저씨를 칭찬하고 나는
미안한 마음에 살짝 미소를 짓는다. 검은 얼굴에 분홍빛의 밝은 셔츠를 받쳐 입어 더
욱 얼굴이 검게 보이는 순박한 모습의 세옴 기사 덩 아저씨.
덩 아저씨는 작은 체구에 카메라를 양쪽으로 메고 있는 나를 신기한 표정으로 쳐다보
더니 조심히 타라며 뒷 자석에 나를 태운다.

　　　"덩, 사진을 찍겠다고 하면 꼭! 세워줘야 돼."

마지막까지 미스터 하는 나의 요구 사항을 잊지 않고 아저씨에게 전달한다.
아침부터 햇살이 작렬하는 사파, 아저씨의 분홍 셔츠가 땀으로 젖어들기 시작하더니
아저씨 등에 인디언레드 꽃이 피어난다.

짬똔 언덕 Tram Ton Pas은 산처럼 보이지만 베트남에서 가장 높은 언덕으로 미스터 하 말
대로 호텔에서 이곳까지 오는 길은 순탄치 않았다.
하지만 덩 아저씨의 훌륭한 오토바이 운전 실력으로 몇 번의 위기를 가볍게 넘기며 오
르막길을 신나게 달린다. 그리고 스스로 생각하기에 너무 빨리 달리는 게 아닌가 싶
으면 가끔 고개를 돌려 나의 안부를 묻는다.

　　　"괜찮아?"
　　　"오케이!"

짬똔 언덕을 오르는 길에 펼쳐지는 풍경, 하나같이 모두 그림이고 예술이다. 하지만
그 모든 곳에서 세울 수는 없는 노릇이라 달리는 오토바이에서 대도록 멀리 내다보며
전망이 좋은 곳을 짐작하여 손가락으로 가리킨다. 그러면 덩 아저씨는 그 근방에 전
망이 가장 좋은 곳에 척척 나를 내려준다.

모처럼 열린 하늘과 그에 걸맞게 자연이 만들어내는 위대한 풍경에 셔터만 눌렀을 뿐
인데도 멋진 사진이 내 카메라에 담긴다. 아저씨에게 찍은 사진을 보여주니 누런 이 사
이로 금니를 보이며, 얇은 미소를 띤 채 '굿' 이라고 말하고 다시 나를 태우고 달린다.
정상쯤 오르자 짙은 안개 때문에 한치 앞도 보이지 않는다.

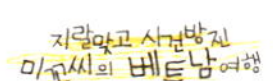

나를 내려놓고 덩 아저씨는 안개가 걷히기를 기다린다. 안개로 가려진 기묘한 풍경에 나는 한동안 넋을 내놓고 바라본다.

짙게 깔린 안개가 쉽게 걷힐 기미가 보이지 않는다. 덩 아저씨는 다시 오토바이에 나를 태우고는 자욱한 안개 속을 시동도 끈 채 베테랑다운 운전솜씨로 천천히 내려간다.

어제 저녁 세차게 내린 비는 비포장도로를 엉망으로 만들어 진흙탕과 물웅덩이가 곳 곳에 지뢰처럼 있지만 아저씨의 운전 솜씨로 이들을 잘도 비켜간다. 하지만 내 엉덩 이는 연신 들썩이는 바람에 점점 아파온다.

"덩 아저씨,
내 엉덩이에서
불나요."

판시판

짬똔 언덕을 내려와 사파 전체를 둘러싸고 있는 인도차이나의 지붕이라 불리는 베트남에서 가장 높은 산, 판시판 Fan Si Pan을 향해 달린다. 산 정상까지 가려면 3~5일 정도가 걸리는 크고 높은 산으로 등산을 끔찍이 싫어하는 내가 산 정상까지 걸어서 다녀왔을 리는 만무하고 덩 아저씨의 오토바이 뒤에서 편하게 판시판을 눈으로 즐긴다.

강한 햇살에도 판시판산 곳곳에는 운무가 진을 치고 있다. 산으로 오르는 길에 불쑥불쑥 운무 속에 나타나는 소수민족들의 마을 풍경이 정겹다. 시원하게 흐르는 내에서 한가로이 목욕을 즐기는 한 무리의 소들을 지나 흙먼지를 뿌옇게 일으키며 달리다가 커다란 검은 터번을 머리에 두르고 화려한 의상을 입은 4명의 야오족 Yao 소녀들을 만난다. 그들을 사진에 담고 싶어 아저씨를 졸라본다.
사파 마을에서는 쉽게 볼 수 없었던 화려한 의상의 야오족 소녀들은 카메라가 두려운지 모두 얼굴을 휙 돌려버린다. 아저씨가 그들에게 괜찮다고 말하니 그제야 쭈뼛쭈뼛 망설이듯 카메라 앞에 수줍게 포즈를 취한다. 소녀들에게 찍은 사진을 보여주자 자신들의 모습이 다들 신기하고 재미있는지 한 번 더 찍어달라며 활짝 웃는다. 몇 장의 사진을 더 찍고 아리따운 그녀들에게 고맙다는 인사를 하고 다시 출발한다.

아저씨는 띄엄띄엄 집들이 보이는 마을 노천 식당에서 점심 식사를 하라고 나를 내려준다. 한상 가득 차려진 음식들. 식당 입구에 앉아있는 덩 아저씨를 애타게 불러 함께 먹자고 하지만 음료수를 들어 보이면서 이거면 된다고 한다.

　　　"배가 안고프긴, 점심시간 지난 지가 언젠데……"

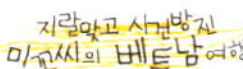

안 괜찮다고 떼를 써보지만 은근 고집쟁이 아저씨는 끝내 나와 점심을 함께 하지 않았다. 우리는 함께 마주 앉아 식사를 하기에 아직 어색한 사이인가보다.
돌아오는 길에 아저씨는 실버 폭포 입구에 오토바이를 세우더니 내게 혼자 다녀오라고 한다.

“올라갔다와, 멋진 풍경을 볼 수 있을 거야.”

나를 폭포에 올려 보내고 아저씨는 아침부터 운전하느라 고단해진 몸을 잠시 쉬고 싶었나보다. 덩 아저씨는 충분히 그럴 자격이 있다. 원하진 않았지만 아저씨의 짧은 휴식을 위해 나는 가파른 계단을 오른다. 시원하게 쏟아지는 폭포에서 바라본 전경은 아저씨 말대로 장관이다. 폭포소리만큼 시원해지는 내 머리와 가슴, 덩 아저씨는 좀 쉬었을까?

드엉과 함께 트레킹으로 다녀온 라오짜이^{Lao Chai}와 따빈^{Dien Bien}을 오토바이를 타고 다시 찾아왔다.
누렇게 잘 익은 벼를 추수하는 사람들과 마주친다.

“신짜오~”

달리는 오토바이에서 손을 흔들며 큰소리로 인사하며 지나친다. 내 뒤로 그들의 인사 소리가 들린다.

“신짜오~”

출발할 때와 달리 환해진 얼굴로 호텔에 돌아온 나를 보고 미스터 하는 어땠냐고 묻는다.

“정말 좋았어. 덩 아저씨 완전 최고야!”

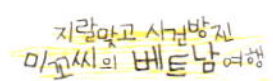

깟깟 마을

발코니 창문을 활짝 열어 제친다. 맞은편 호텔 앞으로 출근한 소수민족 여인들의 조잘조잘 수다 소리가 오늘도 내 귀를 간질인다. 하루에 두 번씩 소나기가 내리지만 그래도 낮에는 햇빛이 비치니 요즈음 내가 사파에 있다는 것이 행복하다.

호텔에서 멀지않은 깟깟 마을을 혼자 가기가 뭐해서 투어를 신청하려했지만 미스터 하는 손을 내저으며 혼자 가란다. 외로워서 사람들을 만나 함께 시간을 보내고 싶은데, 미스터 하는 돈만 아깝다며 죽어도 혼자 가라한다. 내 돈 주고 내가 가겠다는데, 가난한 여행자의 주머니 사정까지 생각해주는 미스터 하에게 고마워해야 하는 건지, 내 마음도 몰라주는 거에 야속해 해야 하는 건지.

해가 중천에 걸릴 때까지 기다렸다가 어슬렁어슬렁 호텔을 나선다. 마을 초입에서 꾸벅꾸벅 졸고 있는 고양이와 대나무 바구니를 등에 지고 사파 마을로 향하는 몽족 사람들이 제일 먼저 눈에 들어온다.

뭉게뭉게 커다란 솜사탕 구름이 하늘과 산에 가득하고, 이제 눈에 친숙해진 논다랑이들이 아름답게 펼쳐진 깟깟 마을. 작은 체구에 당차보이는 몽족 가이드 소녀가 관광객들에게 열심히 설명하는 것을 나는 곁에서 살짝 귀를 열고 몰래 귀동냥을 한다.

　　'후후, 미안'

3~5살 정도의 어린 아이들이 아랫도리를 내놓은 채 마을 골목에서 신나게 뛰어 놀고 있다. 꼬질꼬질한 빨간 티에 걸쭉한 콧물까지 흘리는 사내아이는 관광객들이 카메라를 들이대자 눈을 질끈 감아버린다. 아마 자기 눈에 안보이면 사진도 찍지 못할 거라고 믿는 건지 너무도 순진하고 귀여운 아이 몸짓에 깟깟 마을 외지인들은 다 같이 흐뭇한 미소를 짓는다.

‘하하, 네가 깟깟 마을의 천사로구나!’

시원스레 쏟아져 내리는 폭포 앞 계단에 앉아 지친 몸을 쉬고 있는데 예쁘장하게 생긴
소녀 둘이 내게 다가온다.

　"어느 나라 사람이야?"
　"몇 살이야? 이름은 뭐야?"

소녀들이 아는 영어를 총동원한 질문에 하나하나 답해주고, ‘왜 학교 안가?’ 라고 질
문을 하자 소녀들은 대답 없이 멋쩍게 웃기만 한다. 무슨 말인지 알아듣지 못한 것이
뻔하다.
카메라를 들어 보이며 사진 한 장 찍어도 되냐고 묻자, 예쁘장한 소녀는 한두 번 해본
솜씨가 아닌 듯 모델보다 더 멋진 표정으로 자세를 잡는다. 카메라에 담긴 자신의 모
습을 보고 수줍은 미소를 짓더니 알록달록한 팔찌를 보여주며 하나 사달라고 조른다.
나는 사진 한 장에 대한 대가로 팔찌를 사고 싶지는 않았다. 돈이 아까운 게 아니라 그
냥 그렇게 하기 싫었다. 대신 갖고 있던 방울 머리끈을 그녀에게 내밀었다. 소녀에게
방울보다는 돈이 더 필요한 걸 알지만 학교를 다녀야할 10살 정도의 소녀가 학교대신
깟깟 마을 폭포 앞에서 외국인들에게 사진 모델이 되어 돈을 버는 건 너무 어른 같아
서 싫었다.

소녀는 탐탁지 않다는 표정으로
방울 머리끈을 받아간다.
아이 어른이 되어버리는 예쁘장한 소녀가
방울 머리끈 하나로
아이같이

조금은 행복했으면 좋겠다.

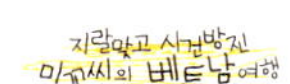

성당에 나타난
천사 소년

광장 근처 성당 계단에 몽족 여인네들과 함께 앉아 멍히 지나다니는 사람들을 바라보며 시간을 보낸다. 몽족 여인네들은 뭐가 그리 재미있는지 누가 몇 마디만 해도 자지러지게 웃고, 다시 누가 대꾸를 하면 또 자지러지게 웃는다. 곁에 앉아서 쳐다보다 그녀들이 웃으면 나도 바보처럼 따라서 웃는다.

한참을 몽족 여인네들의 수다에 묻혀 지나다니는 사람들을 바라보다 한 아이가 내 눈에 들어왔다. 어린 동생을 등에 업고, 분명 외지인 누군가가 선물한 곰 인형을 손에 든 채 입에는 막대 사탕을 물고 활짝 웃으며 나를 향해 걸어온다.

아이가 나를 향해 다가올수록 나의 심장이 콩닥콩닥 요동을 친다.

내 앞에 선 아이는 함박웃음을 지으며 깨끗한 노란색 곰 인형을 내밀며 뭐라 뭐라 말하는 것이 아무래도 누군가에게 선물 받은 곰 인형을 자랑하고 싶었는데, 그게 고맙게도 내가 선택된 것 같다.

너무 예쁘다며 아이와 곰 인형을 번갈아 어루만져주니 아이는 환하게 웃고는 수줍었던지 곰 인형에 얼굴을 묻고 웃는다. 아이의 기쁨을 함께해주지 못하고 아이를 사진에 담고 싶은 욕심부터 채우려고 사진기를 꺼내 셔터를 누른다.

렌즈에 비친 아이 모습에 가슴이 아려와 사진 담는 걸 그만두고 아이와 함께 나란히 앉아 서로 각자의 말로 대화를 한다. 물려 입은 듯 너무도 오래 입어 꼬질꼬질한 아이 옷은 들고 있는 곰 인형보다 더럽다. 아이에게 옷을 사주고 싶었다. 그런데 옷을 사줘도 될지 물어볼 아이 엄마를 두리번거리며 찾아봤지만 아이 엄마로 보이는 사람이 없다. 무작정 아이를 데리고 갈 수 없어 지갑에서 지폐를 꺼내 아이의 손에 쥐어준다.

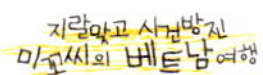

잠시 의아한 표정으로 지폐를 보더니 목에 메고 있던 작은 가방에 집어넣고, 활짝 웃으며 '땡큐' 라고 말한다. 이 모습이 너무 사랑스러워서 아이 두 볼을 잡고 살짝 흔드니 아이가 꺄르르 웃는다.

계속 내 곁에 아이가 있어도 되나 싶어 먼저 자리에서 일어나 엄마에게 돌아가라는 의미로 '바이바이' 하고 손을 흔든다. 하지만 아이는 다시 내게 뛰어와 내 손을 덥석 잡는다.

아이는 사파 성당에서
나에게 보내준 천사가 틀림없다.

깟깟호텔
천사 소녀 라

깟깟호텔에서 저녁식사 때가 되면 어김없이 나타나는 작은 여자 아이가 있다.
웃음기를 찾아볼 수 없는 무표정한 얼굴을 한 아이, 라.
라(ra)가 아닌 D가 묵음이지만 발음은 확실히 다른 라(Dra)라는 이름을 가진 여자 아
이는 미스터 하의 조카이다. 미스터 하의 조카라고 믿기 어려울정도로 예쁘고 깜찍하
고 사랑스러운 라는 말도 없고 무표정한 아이다. 라를 사진에 담으려고 카메라를 꺼
내 들면 얼굴을 휙 돌려 엄마 품에 폭 묻어 버린다. 사진을 찍어주겠다는 말에 엄마는
아이를 돌려세우고 웃어보라 하지만 여전히 무표정한 얼굴로 잠시 카메라를 보는가
싶더니 다시 엄마 품에 얼굴을 묻어버린다.
다행히 내 카메라에 무표정한 라의 얼굴이 예쁘게 담겼다. 그래도 라는 내가 싫지는
않은지 내 주변을 계속 맴돈다. 하지만 손짓하면 휙 돌아서 가버리고 먼발치에서 나
를 빠끔히 쳐다본다.

사진이 무척 마음에 든 미스터 하는 로비 컴퓨터의 바탕화면을 라 얼굴로 바꾸었다.
때마침 마법에 걸려 웃음을 잃어버린 아이 라가 모니터의 자기 사진을 보고는 활짝 웃
더니 놀랍게도 나를 꼭 안아준다.

마법이 풀리고 깟깟 호텔의 천사가 되는
동화 같은 순간이다.

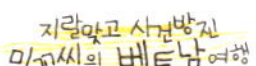

개구쟁이 천사들

어느덧 지겨워진 내 방 발코니를 벗어나고 싶어 굳이 사파 광장 근처 작은 공원까지 갔다. 공원 큰 나무 아래 벤치에 앉아 청명한 하늘을 바라보며 일광욕을 즐긴다. 근처 학교의 하교 시간인지 초등학교 아이들이 우르르 몰려나와 소란스럽다.

작은 공원을 가로지르며 나타난 여자 아이 두 명이 나에게 손을 흔들며 '헬로우' 라고 먼저 인사를 붙여온다. 먼저 인사를 해준 것이 너무나 기뻐 나는 한껏 미소를 머금고 더 큰 동작으로 손을 흔들며 '하~이' 를 외친다.
그렇게 인사를 나누고 지나간 아이들은 과자 봉지 하나를 들고 다시 내 앞으로 걸어온다. 그리고 수줍게 웃으며 과자 하나를 꺼내 먹어 보라고 한다. 냉큼 입에 넣어 보지만 너무나 매워 입에 손부채질을 연신하게 만든다.
내 몸짓이 재미있었는지 세 명의 남자 아이들도 내 주위를 둘러싸고 함께 웃는다. 아이들은 과자를 하나씩 입에 쏙 넣고는 아무렇지도 않다는 표정을 지으며 내게 하나 더 먹어보라기에 다시 과자 하나를 입에 넣고 또 손부채질을 연신한다.
여럿이 나눠먹기에는 한참 부족한 과자를 내게까지 나눠준 아이들이 예쁘고 고마워, 아이들 손을 잡고 근처 노점에서 과자를 사서 한 봉지씩 나눠준다. 뭐가 그리도 좋은지 아이들은 광장을 방방 뛰어다니고 나도 덩달아 신이나 뛰어다닌다.

오토바이를 타고 딸내미를 데리러 온 아버지가 나를 경계의 눈으로 쳐다본다.

  '나, 나쁜 사람 아녜요.'

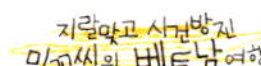

아이는 아빠의 오토바이 뒤에 올라타 손을 흔들어 인사한 후 부르릉 집으로 돌아가고, 남은 우리는 벤치에 앉아 도란도란 이야기를 나눈다. 물론 아이들은 베트남어로 나는 한국말과 영어로. 하지만 우리에게는 만국 공통어인 보디랭귀지가 있어 괜찮다. 장난을 걸어오는 세 명의 개구쟁이들, 나는 어느덧 술래가 되어 도망 다니는 개구쟁이들을 잡으려고 광장을 이리저리 뛰어다닌다.

사파 골목을 울리는 맹인 악사

사파 마을 어귀를 어슬렁거리다 구슬피 들리는 연주 소리에 끌려 발길을 움직인다.
한적한 골목 돌담 아래 쪼그려 앉아 흡사 우리나라 해금과 비슷한 모양의 악기를 혼신
을 다해 연주하는 맹인 아저씨를 만날 수 있었다. 거리에서 베트남 전통악기 댄니^{Dan Nhi}
를 연주하는 맹인 악사. 우리나라에도 개봉되었던 영화 〈하얀 아오자이〉에서 가난한
꼽추 구가 사랑하는 연인 단에게 연주해주던 악기 댄니는 두 줄의 현을 켜면 가슴을
울리는 애절한 소리가 울려나온다.

거리의 맹인 악사는 누구하나 들어주는 이 없지만, 전혀 아랑곳하지 않고 혼신을 다
해 연주한다. 애절한 연주 소리는 골목을 넘어 사파 마을을 구슬프게 만든다. 맹인 악
사의 감겨진 두 눈앞에는 분명 수많은 관객들이 몰려 있을 것이고, 아저씨는 최고의
악사답게 운집한 관객들을 위해 연주하고 있을 것이다.
난생 처음 들어보는 맹인 악사의 구슬픈 댄니 연주를 숨죽인 채 두 번째 연주곡까지
묵묵히 가슴으로 감상한다.
감동적인 연주에 대한 보답으로 연주가 끝나자 나 홀로 큰 박수를 골목이 떠나가도록 친
다. 훌륭한 연주에 대한 보답으로는 너무도 형편없는 돈을 아저씨 앞에 놓인 바구니에 슬
그머니 내려놓고 아저씨의 다음 연주곡을 배경 삼아 다른 곳을 향해 발길을 옮긴다.

아저씨의 연주를 알아주는 사람이 많아지기를,

힘든 삶에 아저씨의 연주가
스스로에게도
희망이 되기를 바래본다.

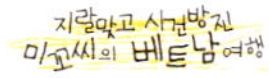

변덕스러운
함롱산

아침부터 빈둥거리는 내가 또 못마땅한 미스터 하는 오늘은 함롱산Ham Rong Mountain에 다녀오며 어떻겠냐고 묻는다. 사파에 오면 아무에게도 방해받지 않고 무작정 푹 쉬겠다던 계획은 자꾸 타인에 의해 게을러진 몸을 움직여야만 했다. 웃긴 건 미스터 하가 정해준 일정대로 점점 생각 없이 의지해가고 있는 내 자신이다.

간단하게 카메라와 몇 가지 소지품만을 챙겨 함롱산으로 향한다. 주말이라 단체로 찾아온 베트남 현지인들과 관광객들이 함롱산 입구부터 북적북적 거린다. '오 마이 갓'을 입에 단 채로 가파른 계단을 숨까지 헐떡여가며 오른다. 혼자라서 외로울 거라 생각했지만 내게 아줌마들이 끊임없이 말을 걸어주기 때문에 여기서는 외로울 틈도 없다.

"어디서 왔어?"
"한쿠어(한국을 일컫는 베트남어)"
"오, 한쿠어. 나 한국 드라마 좋아해. 근데 정말 한국 남자들은 여자들한테 잘 안 해줘?"

예상 밖의 질문에 잠시 할 말을 잃고 생각해본다.

'어떤 드라마를 봤기에 한국 남자들이 여자에게 잘 못한다고 얘기하는 걸까? 정말 그런가?'

아줌마 질문에 나는 긍정의 의미로 살짝 미소를 짓는다.

'그런 거 같아요, 적어도 나에게만은……'

가벼운 질문인데 가볍게 답해주지 못하고 마음 한구석 멍에를 이입시킨다.

입구에서 받은 간략한 지도와 곳곳에 설치된 이정표를 확인해가며 산 정상으로 향했
지만 그다지 넓지도 복잡하지도 않은 산 길목에서 역시나 길을 잃고 헤맨다. 어디를
가나 길치에 방향치인 걸 꼭 티낼 수밖에 없다는 사실이 슬프다
멈춰 서서 두리번거리는 나는 관광객들을 상대로 물건을 파는 아이들의 표적이 안 되
려야 안 될 수가 없다. 순식간에 내 주변으로 모여든 아이들은 나를 올라다보며 각자
의 손에 들고 있던 팔찌 묶음을 내밀면서 합창하듯 외친다.

'Buy for me~, Buy for me.'

순간 당황하며 이 상황을 어떻게 빠져나갈지 주위를 둘러보지만 아이들은 더 바짝 내
몸에 매달리며 다시 한 번 합창한다.

그 중 체구가 가장 작고 커다란 눈을 가진 예쁘장한 꼬마 아이가 내 눈을 사로잡는다.
지저분한 옷과 꼬질꼬질한 얼굴로도 감출 수 없었던 아이의 반짝이는 두 눈. 나와는
눈도 마주치지 않고 다른 곳을 바라보며 팔찌 묶음만 번쩍 든 채 작은 목소리로 앵무
새처럼 반복해서 노래한다.

한창 뛰놀고 엄마 품에 안겨 응석부릴 나이에 자기 의지와는 상관없이 외국인들을 상
대로 장사를 해야 하는 꼬마 아이는 그래서 다른 곳만을 바라보고 있는지도 모르겠다.
아이들을 물리고 뒤돌아서 가는 길에도 메아리처럼 내 귓가를 잡아당기는 소리.

'날 위해 하나 사줘.'

조금씩 빗방울이 떨어지는가 싶더니 그나마 다행스럽게도 산 정상 전망대에 오르자
엄청난 양의 비가 쏟아진다.
좁은 전망대에서 비가 그치기를 기다리던 10여 명의 사람들은 말없이 주위를 살피다
서로 눈이라도 마주치면 누가 먼저랄 것도 없이 먼 산을 바라본다.

'비가 금세 그칠까?'

20여 분쯤 지났을까, 역시나 변덕스러운 사파의 날씨는 거짓말처럼 하늘이 열리더니
비가 뚝 그친다. 약한 바람결에 나무와 흙과 비가 만들어낸 비릿한 하지만 싱그러운
냄새가 날아온다. 코로 크게 숨을 들이 마시고 길게 내뱉는다.
비개인 함롱산 정상에서 내려다보는 사파 풍경, 커다란 호수를 둘러싸고 있는 유럽의
작은 시골 마을 같은 아름다운 모습이 눈앞에 펼쳐진다.

'비가 그치길 꿋꿋하게 기다리길 잘했지 뭐야.'

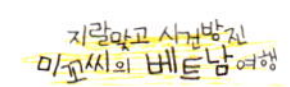

박하 일요시장
가는 길

사파에서 일요일에는 꼭 박하에 가세요.
플라워 몽족 사람들을 원 없이 만날 수 있는, 사람 꽃이 활짝 피어나는 박하 일요시장
Bac ha Sunday Market이 열리니까요.

점심이 포함되지 않는 10달러짜리 박하투어를 신청했다.
사파에서 라오까이Lao cai를 지나 동쪽에 위치한 박하는 평일에는 아주 한적하고 조용한 시골마을이지만 일요일이면 박하 일요시장 때문에 사파뿐만 아니라 하노이에서 투어로 찾아온 관광객들과 주변의 소수민족 사람들까지 한꺼번에 뒤엉켜 북적거리는 곳이다.

아침부터 또 비가 내리지만 추적추적 내리는 비 따위는 이제 걱정거리 측에도 끼지 못한다. 얼마 안 있으면 언제 비가 왔냐는 듯 그칠 것이 너무도 뻔해 이제 더 이상 속을 사람도 없을 테니까.
습기가 가득 찬 미니밴에는 국적을 알 수 없는 영어로 대화를 나누는 동양인 가족을 제외하고는 모두 내 또래의 서양인들뿐이다. 내 옆자리에 앉은 두 명의 서양 여자들도 오늘 처음 만났는지 서로에 대해 호구조사를 하고 있다.

“어디서 왔어?”
“얼마나 여행했어?”
“얼마나 더 여행할 거야?”
“어디가 제일 좋았어?”
“얼마나 여기에 머물 생각이야?”

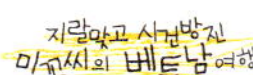

처음 만난 여행자라면 너무도 뻔한 질문을 서양인이라고 피해갈 수는 없나보다. 뻔할 뻔자의 그녀들 대화 속에 'Korea'란 단어가 들리자 내 귀가 번쩍 뜨인다.

'설마, 우리나라를 욕하는 건 아니겠지?'

평소에는 잘 숨겨놓고 티내지 않던 애국심이 발동하여 귀를 쫑긋이 세우고 대화를 엿듣는다. 뭐 사실 이들의 목소리가 커서 엿들을 필요도 없이 처음부터 대놓고 듣고 있었다.

미국 텍사스에서 왔다는 발랄한 미국 아가씨 레아는 한국의 영어 학원에서 2년 동안 강사로 일했고, 미국으로 돌아가는 길에 2달 남짓 동남아 여행을 하고 있다고 한다. 그녀는 한국을 너무 좋아하게 돼서 만나는 여행자마다 한국에 대한 칭찬을 아끼지 않는 미국 아가씨다. 그녀의 한국 사랑 이야기에 감명을 받은 나는 먼저 말을 건넨다.

“와, 너 한국에 살았었다고?”
“응 2년 정도, 근데 너 한국 사람이야? 일본 사람인줄 알았어. 반가워.”

일본 사람이라, 하도 많이 듣는 말이라 뭐 이제는 익숙하다.

“나도 반가워, 어느 학원에 있었어?”
“강남역 파고다 학원. 아! 한국이 너무 그리워.”
“그래? 뭐가 제일 그리운데?”
“사람들, 한국 사람들. 한국 사람들은 정이 너무 많아. 가끔 지나치다고 느낄 때
도 있지만 그런 그들이 너무 좋아.”
“맞아, 한국 사람들은 정말 정이 넘치지. 나도 한국 사람의 정이 그리워.”

박하로 가는 미니 밴에서 우리는 한국을 떠올리며 한국에 대한 그리움을 서로 공유한다.

예상대로 사파에서 박하로 출발한 지 얼마 지나지 않아 우는 아이를 달랜 것처럼 뚝하
고 비가 그쳤다.
맨 뒷자리에 앉아 있던 세 명의 영국 여자들은 습한 공기 때문에 답답하다며 짜증을
내기 시작했고, 결국 이들 때문에 오랫동안 켜지 않았던 에어컨의 퀴퀴한 바람이 차
내 공기를 더욱 탁하게 만든다. 프랑스 할머니는 에어컨을 끌 때까지 쉴 새 없이 기침
을 하고, 나도 민감한 반응을 보이며 얼른 마스크를 꺼내 착용한다.
‘차라리 에어컨을 끄고 창문을 열어놓으면 좋으련만……’

영국 여자 세 명은 에어컨이 가동되자 이제 만족스럽다는 듯 다른 사람들은 생각지 않
고 큰 소리로 웃고 떠들어 댄다.

‘누가 영국을 신사의 나라라고 한 거야? 허긴 이들은 신사 아니고 숙녀겠지만.’

가는 길이 멀어 심심했던 레아와 나는 먹고 싶은 한국 음식을 하나씩 말하며 서로
‘아!~’라는 감탄사를 연발한다.

“얼큰한 김치찌개”

레아의 입맛이 한국생활 2년 동안 한국식으로 바뀐 게 틀림
없다.

"매운 음식 좋아해? 그럼 떡볶이도 잘 먹겠네?"
"떡볶이 너무 좋아. 아! 순두부찌개도 먹고 싶다."
"조개에 연두부 그리고 매콤한 찌개국물, 아!"
"불고기와 김치"
"아~악! 김치, 김치!"

박하로 향하는 미니 밴 안은
프랑스 할머니의 끊임없이 콜록대는 기침 소리와
개념 없는 영국 여자들의 떠드는 소리,
도통 알 수 없는 국적불명의 동양인 가족 얘기 소리

그리고

미국 텍사스 출신의 발랄한 미국 여자와
미꼬씨가 나누는 둘 밖에 모르는
한국 음식 이야기로 가득하다.

사람 꽃이 활짝
피었습니다

여자 체형을 전혀 고려하지 않은 스타일의 디자인.
플라워 몽족의 전통의상은 겹겹이 둘러져 있어 걸을 적마다 사각사각 소리를 내며,
알록달록 화려한 꽃들이 피어있다.
모두 한결같이 같은 색상과 같은 디자인이지만 터번과 허리끈만은 각자의 개성을 드러낸다.
박하 일요시장은 수많은 플라워 몽족 여인네들의 사람 꽃들이 여기저기 활짝 피어나 두 눈을 향기로 가득 채운다.

짧은 시간이지만 벌써 몇 바퀴째 돌아보고 있는 박하 일요시장.
목도 마르고 피곤해진 다리를 쉬고 싶어 시장 한복판에 펼쳐진 노점 카페에 앉아 봉지 네스카페로 만든 아이스커피를 마신다. 낮고 긴 의자에 늘어앉아 시원한 음료수를 마시던 사람들은 나를 신기해하며 대놓고 뚫어져라 쳐다본다. 물론 이제 그들의 시선을 즐기는 경지까지 도달한 나는 아무렇지도 않다.

'하하, 돈 안 받을 테니 실컷 구경하세요.'

소수민족 사람들 틈에 태연하게 앉아 커피를 홀짝홀짝 마시며, 시장 구경을 하는 나는 이들에게 보기 드문 분명 이상한 여자다.

등바구니에 가만히 걸터앉아 있는 소년이 눈에 들어온다.
소년의 엄마는 아이에게 단 한 번의 눈길도 주지 않고 친구들과 시장 계단에 서서 수다를 떨고 있다. 아이는 칭얼대지도 장난을 치지도 않고 혼자 가만히 바구니에 걸터

앉아 무표정으로 한곳만 응시한다. 어린 나이에 어른 얼굴로, 어른 생각으로 살아가는 이곳 아이들은 학교대신 논에 가서 일하고, 소몰이, 집안일 등 장난감이 쥐어져 있어야 할 손에는 고삐나 농기구가 들려있다. 어른이 되기에 너무나 이른 아이들은 이곳에서 일찌감치 원치 않은 어른이 되어 버린다.

핸드폰 가게 앞에 주렁주렁 매달려
신형 핸드폰에서 시선을 떼지 못하는 소수민족 사람들.
자기 키만한 빨간 플라스틱 양동이를
등에 지고 다니는 소수민족 여인들.
일요시장이 아니면 맛 볼 수 없는
하지만 나는 도저히 먹을 수 없는 시장 음식들을 즐기는 소수민족 사람들.

매주 열리는 시장이 아직도 신기한 듯 구석구석 꼼꼼하게 구경하는 사람들.
볼일을 다 보고서도 삼삼오오 모여 하염없이 수다를 떠는 여인네들.

서로 다른 전통 복장을 입고
그들만의 언어로 물건을 사고파는 박하 일요시장에는
어른 꽃과 아이 꽃이 모두모두 활짝 피어나
진짜 꽃밭보다 더 아름다운 사람 꽃밭을 만든다.

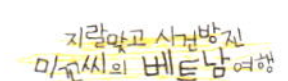

아저씨,
이제 그만 스톱

사파에서 라오까이로 가는 구불구불한 산길을 사진에 담고 싶어 미스터 하에게 세옴 아저씨를 다시 부탁한다.
호텔을 나서자 듬직했던 덩 아저씨와 달리 딱 베트남 사람처럼 외소한 몸집의 세옴 아저씨가 좀 오래돼 보이는 오토바이를 탄 채 기다리고 있다. 미스터 하는 나의 요구 사항을 잊지 않고 세옴 아저씨에게 전달해준다.

"사진을 찍어야 한데, 그러니까 그애가 원하는 곳에 꼭! 세워줘."

기름 냄새나는 하얀 연기를 피어오르며 오토바이가 사파 마을을 벗어난다.
새벽에 도착한 라오까이에서 사파로 올 때, 사파에서 박하 가는 길에 마주했던 구불구불한 산길은 창문을 사이에 두고 보던 차창 밖 풍경과는 또 다른 모습으로 눈앞에 펼쳐진다. 마치 롤러코스터를 타는 듯한 아찔함을 선사하는 오토바이의 질주, 도로를 가로지르며 느릿느릿 걸어가는 소떼, 도로와 너무 붙어 있어 상식적으로 이해가 안 되는 집들, 녹색과 황금빛의 절묘한 조화로 물들어가는 논다랑이들과 열심히 추수를 서두르는 사람들 그리고 시원하게 흐르는 강물, 내가 꿈꾸던 평화롭고 아름다운 조용한 시골마을이 지금 눈앞에 펼쳐진다.

아저씨에게 이름을 물어본다. 'I don't Know'라는 대답을 듣게 될 줄은 몰랐다. 몇 번 되물어 봤지만 아저씨는 고개만 절레절레 젓을 뿐 끝내 아저씨 이름을 알려주지 못한다. 아저씨는 내 영어를 못 알아듣고 나는 아저씨 영어를 못 알아듣는 답답한 상황이 계속되고 결국 우리는 침묵한 채 시골 산길을 열심히 달려만 간다.

구불구불 위험한 산길, 하지만 이곳 세옴 아저씨들에게는 너무도 식은 죽 먹기 길인가 보다. 운전보다는 오히려 사진 찍기 좋은 장소를 물색하는 데만 더 신경을 쓰는 세옴 아저씨는 내게 스톱을 외칠 기회도 주지 않고, 본인 눈에 괜찮은 풍경이 보이면 고개를 돌리고 '스톱? 스톱?' 하며 내게 물어온다.
조금 지나니 아저씨는 이제 아예 앞도 보지 않고 사진 찍을 만한 곳을 찾느라 고개가 반 이상 돌아간 채로 오토바이를 운전하고 있다.

　　"여기? 멈출까?"

멋진 풍경도 어느 정도 지나니 모두 같아 보인다.

　　"No, No~"

아저씨가 세우려던 장소마다 사진을 찍는다면 라오까이까지 밤이 돼도 도착할 수 없을 거 같아 'No'라고 답할 수밖에 없다 .

　　'이름은 알 수 없는 아저씨 고마워요, 아저씨는 정말 좋은 분이에요.'

오토바이를 세우고 길섶에 나란히 앉아
챙겨온 캔 커피 두 개를 가방에서 꺼내
벌컥벌컥 마신다. 아저씨는 고약한 싸구
려 베트남 담배 연기를 길게 뿜어내며
멋들어지게 캔 커피를 마신다. 말이 안
통한다는 걸 서로 알고 있는 우리는 그
냥 바라보다 씨익 멋쩍게 웃는다. 꼭 대
화가 아니라도 눈빛만으로도 서르의 마
음을 다 아는 게지.

　　"우리 아이랑 나랑
　　사진 한 장 찍어줘요."

소를 몰던 몽족 여인이 영어대신 손짓으로 말했지만 이 정도는 충분히 알아들을 수 있다. 소몰이를 하는 젊은 몽족 여인의 등에는 그녀의 갓난아이가 업혀있다. 카메라에 담긴 아이와 자기 모습을 보고 무척이나 만족했는지 그녀는 수줍게 웃는다. 사진 속에 엄마와 아이의 맑은 눈망울은 무척이나 닮아 있다.

해가 산 뒤로 넘어가려는 듯 그림자가 점점 길어진다. 멀리 산골마을 작은 오두막에서는 저녁밥을 짓는지 굴뚝에서 연기가 모락모락 피어오른다. 황금빛 들녘에는 산골마을 사람들의 수고가 배인 벼들이 이삭 무게를 못 이겨 고개를 깊게 숙였고, 숙인 벼

만큼 허리를 구부려 추수하는 농부들의 모습은 한가롭다. 그 위를 한 무리의 새들이 날아간다. 조금만 벗어나면 만날 수 있는 고산지대의 아름다운 전원 풍경.

세옴 아저씨는 되돌아오는 길에도 좋은 풍경만 보이면 오토바이를 세우려 하고, 그런 아저씨를 나는 말려야만 했다.

'아저씨, 우리 그냥 가자.
이제 그만 Stop'

수놓는
자오족 여인들

호텔 골목 언덕길에서 빨간 터번을 두른 자오족 여인에게 잡혀버렸다.

'Buy for me'

어린 아이들만 하는 말인 줄 알았는데 멀쩡하게 생긴 어른이 이런 말을 하니 듣기 어색하고 불편하다. 어깨에 메고 있는 가방들을 가리키며 하나만 사달라고 졸졸 쫓아오기 시작한다. 결국 자수가 놓아진 핸드폰 주머니를 고르고 보니 방울이 달려있지 않았다. 여자는 씨익 웃으며 '문제없어' 라고 말하더니 그 자리에 선 채로 바늘과 실을 꺼내 바느질을 시작한다.
검은 천 핸드폰 주머니에 하필 하얀 실로 방울을 달아주는 자오족 여인의 센스 없음에 살짝 기분이 상한다. 이런 내 기분은 상관도 안 하고 하나 더 사라며 웃는 자오족 여인이 너무나도 얄밉다. 그래도 배낭에서 이리저리 돌아다녀 만신창이가 된 불쌍한 핸드폰에게 작은 집이 생겨서 흐뭇하다.

사파를 떠나는 날 오후에도 나는 핸드폰 주머니를 또 구입해버렸다.
사파에 있는 동안은 물건을 사더라도 웬만하면 할머니나 갓난아이를 데리고 있는 여인의 것을 사려고 했다. 비록 그들의 물건이 특별히 좋은 게 아닐 지라도, 어차피 소수민족 여인네들이 파는 대부분의 물건은 내게 꼭 필요한 것은 없었기에 결국 나한테는 물건의 좋고 나쁨보다는 파는 사람이 누구냐가 중요했다.
딱 보기에도 무거워 보이는 빨간색 두건을 머리에 둘렀다기보다는 인 채 돋보기안경을 착용하고 바느질을 하시는 자오족 할머니를 보고 발길을 멈춰 선다. 할머니의 인자하고 포근한 인상이 몇 해 전 하늘나라로 가신 나를 무척이나 예뻐해 주시던 외할머니와 너무나 닮아 있었기 때문이다. 자오족 할머니는 나와 눈이 마주치자 미소를 지으며 손짓으로 나를 부른다.

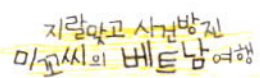

할머니 부름에 신나서 달려가 바로 옆에 착 달라붙어 앉아 예쁘지도 깨끗하지도 않은 핸드폰 주머니 중 가장 맘에 드는 할머니 작품을 하나 고른다. 사실, 바로 앞에서 장사 하는 젊은 자오족 여인의 물건들이 훨씬 예쁘고 깔끔했지만 아직 할머니 물건을 고르 지도 못한 내게 자기 것도 하나 사라고 계속 귀찮게 하는 것이 짜증나서 보란 듯이 할 머니 물건을 집어 들고는 '굿'을 외친다. 젊은 자오족 여자는 구시렁구시렁 화를 내며 단단히 삐쳐 고개를 휙 돌리며 자기 자리로 되돌아가 버리지만 그녀를 신경 쓸 이유가 없었다.

역시나 방울이 달리지 않은 핸드폰 주머니를 수선해주는 할머니의 팔에 슬쩍 팔짱을 껴본다.

그리운 나의 외할머니 살 냄새가
포근한 자오족 할머니에게서 피어나
마음이 따뜻해진다.

베트남
소수민족 여인들

머리에 쓴 게 있으면 결혼한 여자,
아무것도 쓰지 않았다면 어린아이 또는 결혼하지 않은 여자.

사파에서 가장 많이 마주치는 몽족 여자들은 태어나서부터 귀를 뚫어 귀걸이를 한다.
검은 모자를 착용했다면 이 몽족 여인은 결혼한 여자.

자오족 여자는 결혼을 하면 눈썹을 밀고 엄청 크고 무거워 보이는 빨간 두건을 머리에
올린다. 꼭 그녀들 삶의 무게만큼 무거워 보이는 빨간 두건 더미.
가족의 생계를 책임져야하는 건 사내들의 몫이 아니라 당연히 여인네들의 몫처럼 알
고 살아가는 소수민족 여인들.

더 큰 귀걸이, 더 크고 무거운 것들을
머리에 이고 살아야 하는 이들은
태어나면서부터
전통이라는 족쇄에 묶여 살아가고 있다.

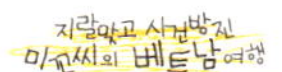

헤어짐은
몸살을 부른다

결국 감기에 걸렸다.

원인은 여러 가지인 듯싶다. 일교차가 심한 기후 탓도 있었고, 박하 투어 때 미니밴에서 뿜어내던 좋지 않은 에어컨 바람이 제일 큰 원인일 것 같고, 밤공기 무서운 줄 모르고 창문을 활짝 열고 밤공기를 좋아라했던 것도 감기의 원인인 것 같다.

오한에 열도 오르고 목이 너무 아파 먹는 것마저 귀찮다. 허리까지 내려오는 탐스러운 머리를 가진 깟깟호텔의 예쁜 아가씨 '미'에게 소금물을 만들 굵은 소금을 부탁한다.

"너도 목감기 걸렸어? 나도 어제 목이 너무 아파서 소금물로 가글을 했지만 이번 감기는 지독한가봐"

역시 그녀의 말대로 독하게 걸린 감기는 소금물로 가글을 했어도 소용이 없다. 하루 종일 침대에 누워 이불을 머리끝까지 뒤집어쓰고 오들오들 떨고 있자니 객지에서 아픈 내가 너무 불쌍하고 가엽게 느껴진다. 미스터 하는 아픈 내가 걱정된다며 뜨거운 생강차를 끓여와 내 상태를 살핀다. 푹 자고나면 금방 나을 거라는 미스터 하의 말을 믿어보기로 했다. 내일은 사파를 떠나려고 마음 굳게 먹고 미리 기차표도 구입했는데, 아무래도 사파가 못 가게 붙잡나보다.

'제발 떨어져라 감기야!'

체크아웃 시간인 오후 12시가 되어간다. 내 몸 상태를 걱정하는 미스터 하는 라오까 이행 미니버스가 출발하는 오후까지는 방에서 쉬라며 끝까지 배려를 잊지 않는다. 방 안 가득 흐트러진 내 물건들을 하나 둘 챙겨 두 개의 배낭을 꾸리고 나니 그제야 사파를 떠난다는 것이 실감난다.

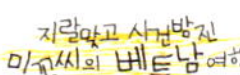

어느 정도 몸 상태가 좋아진 오후에 미스터 하와 이안
부부에게 약속했던 그들의 사진을 몇 장 찍어준다. 머
리에 반질반질 기름까지 바르고 반듯하게 5:5 가르마
를 하고, 어색한 미소를 짓는 미스터 하와 한없이 수줍
은 새색시처럼 아름다운 임산부 이안을 담는다.

　　　'오늘 이들과 헤어진다.'
　　　'사파를 떠나지 말까……'

이런 생각을 수없이 했다. 하지만 지금 떠나지 않으면
이곳을 영영 못 떠날 것 같아 용기를 내어 떠나기로 한
다. 사파를 떠나려면, 사파의 사람들과 헤어지려면 용
기를 내야만 한다.

서바이벌 영어로 트래킹 가이드를 하는 예쁘장한 몽족
소녀들이 있는 곳.
아침마다 호텔 앞으로 모여드는 소수민족 여인네들이
있는 곳.
하루 종일 멍히 있어도 하루가 너무 빨리 가는 곳.

베트남에서 내가
가장 사랑하게 된 곳 사파.

'안녕 사파, 굿 바이 사파'

응웬 왕조 황제들의 능과 성벽으로 둘러싸인
구시가지와 훼를 찾는 여행자들을 위한 숙소, 레스토랑,
여행사들이 밀집해 있는 신시가지를 가르는 흐엉강.
구시가지와 신시가지를 연결하는 짱티엔 다리,
자전거를 타고 넘나들며 골목골목에서
색다른 추억을 한 아름씩 만날 수 있는
베트남 중부 중심지 훼.

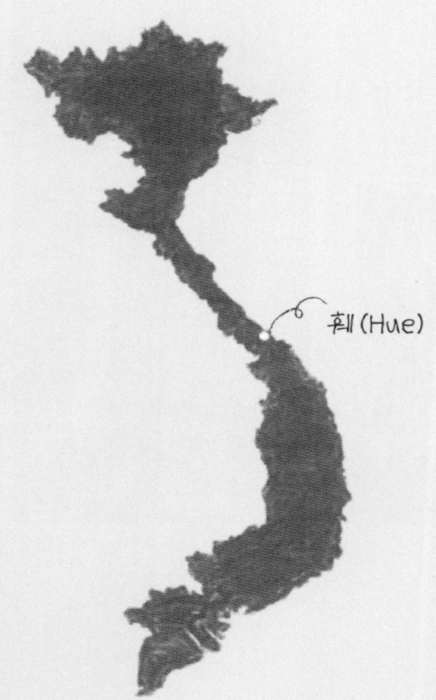

훼로 가는
슬리핑 버스

4시에 데리러 오겠다던 미니버스는 오후 5시 30분이 넘도록 오지 않고, 걱정하는 나를 보며 여행사 언니는 '문제없어'라고 말해주는 게 끝이다. 슬리핑 버스 출발 20분 전에야 겨우 나타난 미니버스는 하노이 골목골목을 누비며 늦은 거에 상관없이 자기 할 일은 해야겠다는 듯 사람들을 꾸역꾸역 태운다.

어둑해지는 하노이 시가지는 퇴근 시간에 맞춰 쏟아져 나온 수많은 오토바이, 자동차 그리고 사람들로 어수선하다. 미니버스는 이렇게 복잡해진 도로 위를 잘도 빠져나간다. 늦지 않게 간신히 도착한 후, 한 사내가 2층 슬리핑 버스에 오르려는 우리에게 각자의 짐을 챙겨 기다리라고 한다.

사내는 승객들의 짐을 실어야 할 버스 짐칸에 불법으로 전달되는 그들의 짐들을 바삐 채우고 있다. 넓고 넓은 버스 짐칸에는 승객들의 짐이 들어갈 공간 따위는 애초부터 없었던 것이다. 양해, 배려 그리고 미안함을 베트남 사람들에게 기대한다는 건 무리다. 그들은 늘 자신들이 먼저고 손님들이 불편한 건 그야말로 별일 아닌 것이기 때문이다.

배낭 두 개를 앞뒤로 메고 뒤뚱거리며 힘겹게 버스에 오르니 현지인들이 이미 자리를 잡고 눕거나 앉아서 하나둘씩 들어오는 외국인을 쳐다보며 모가 그리 재미있는지 자기들끼리 큰소리로 웃고 떠들어 되는 통에 버스 안은 정신이 하나도 없다. 외국인들은 우왕좌왕 어쩔 줄 몰라 하며 대충 눈에 띄는 빈자리에 하나둘씩 자리를 잡는다.

2층 침대칸에 자리를 잡은 나는 얼른 이어폰부터 귀에 꼽는다. 이 어수선한 상황에서 공간 탈출을 꿈꿔보지만 베트남 사람들의 떠드는 소리는 중국사람 못지않아 소용이 없다. 밀폐된 버스 안은 제대로 청소도 안했는지 탁한 공기 때문에 숨이 턱턱 막혀온다. 두 개의 마스크를 겹겹으로 착용하여 나만의 숨쉬기 방법으로 버텨보기로 한다.

'감기도 채 안 떨어졌는데, 꼭 살아남으리라!'

시끌벅적한 슬리핑 버스는 출발 예정 시간인 6시를 훌쩍 넘겨 7시가 돼서야 제대로 정리도 안 된 채 출발한다. 베트남 사람들의 가방에서는 먹을 것이 끊임없이 쏟아져 나오고, 몇 명은 버스 안을 집안 돌아다니듯 쉴 새 없이 돌아다니며 큰 소리로 고함을 질러댄다. 유럽 남자들은 씻지도 않은 채 탑승하여 암내가 폴폴 진동하고 맨 뒷좌석에 자리 잡은 서양 커플은 이런 와중에도 술판을 벌이고 있다. 한 마디로 개판인 슬리핑 버스에서 나는 서서히 미쳐가고 있고, 이제 막 출발한 버스가 어서 빨리 훼에 도착하기만을 바래본다.

버스는 출발한 지 1시간이 지나서야 실내등이 전부 꺼진다.

'이제 다들 닥치고 자겠지?'

버스 기사는 칠흑 같은 도로 위를 미친 듯이 경적을 울려대며 질주하는 것이 사파 기
차에서의 탈선 공포보다 훨씬 큰 공포감을 안겨준다.

  '아, 뛰어내리고 싶다.'

차창 밖 어둠을 환히 비추며 조용히 따라오는 달님은 잠들지 못하는 나와 친구가 되어
소곤소곤 속삭이다 어느새 잠이 든다. 눈을 뜨니 창밖에 갈님은 보이지 않고 어느새
햇님이 기지개를 켜며 새 아침을 준비하고 있다. 여전히 버스는 훼를 향해 달리고 있
고, 차창 밖으로 보이는 일출 풍경에 외국인들은 넋을 놓고 바라본다. 현지인들은 밤
새도록 얘기하고도 뭐가 부족했는지 새벽부터 큰소리로 서로의 안부를 묻고 있다.
물티슈 한 장으로 얼굴부터 발 그리고 주변 물건까지 닦고는 다시 자기 입을 닦는 아
주머니를 보고 경악을 금치 못하고 다시 눈을 감아버린다.

장장 15시간이 걸려서야
지옥 같던 슬리핑 버스에서
나는 탈출할 수 있었다.

천장에서
바퀴벌레가 내려와

새로운 도시에 도착했으니 늘 하던 일을 해야 한다. 세탁물을 숙소에 맡기고 소소한 것들은 직접 손빨래를 하여 방 구석구석에 널어놓는다. 그리고 따뜻한 물로 샤워를 하고 1시간 정도 달콤한 숙면으로 버스에서 시달린 온몸의 여독을 풀어준다. 그리 나쁘지 않은 선택을 한 내 방, 하지만 중심지와는 거리가 좀 멀리 떨어진 것이 아쉽긴 하지만 괜찮다. 나에게는 바구니 자전거가 있으니까.

에어컨대신 창문을 활짝 열어젖혀 저녁 바람을 맞으며, 침대에서 모처럼 책장을 넘기는 여유를 부려본다. 책장 넘기는 소리가 음악 소리보다 더 즐겁다. 선선하게 불어오는 저녁 바람과 골목에서 떠드는 사람들의 이야기 소리가 피곤에 지친 마음을 편안하게 해준다.

침대에 엎드려 누워 기분 좋게 책을 읽고 있는데 갑자기 머리에 뭔가 툭 떨어진다. 아무 생각 없이 머리를 쓸어 넘기자 커다랗고 검은 것이 툭 떨어지더니 침대 밑으로 후다닥 사라진다. 순간 2초 정도 내 몸은 움직이지 못하고 얼음이 된다.

　　'저 저 저거, 저거 손바닥만 한 바퀴벌레가 내 머리에……'

　　'으~아아악!'

숙소가 떠나가도록 소리를 질러댄다. 나의 고함소리에 놀라 황급히 올라온 프런트 남자 직원에게 콩닥콩닥 엇박자로 뛰어대는 심장과 파랗게 질린 얼굴로 울먹울먹해가며 횡설수설 상황을 설명한다.

“아주 큰 바퀴벌레... 내 방... 천장... 툭... 내 머리... 으앙”

내 말을 이해한 직원은 태연히 빗자루를 들고 들어와 침대와 방 구석구석을 살펴보더니 바퀴벌레가 보이지 않자 도망갔다며 안심시킨다.

“거 짓 말”

눈을 흘기며 직원을 째려보니 당황한 듯 한 번 더 살펴본다. 하지만 벌써 창문 밖으로 나갔는지 거대한 바퀴벌레는 정말 보이지 않는다. 구석구석 살펴보아도 바퀴벌레는 보이지 않고 나는 호락호락해 보이지 않자 결국 직원은 제안을 한다.

“방 옮겨줄까?”

순간 그의 제안에 많은 생각이 스친다.
‘짐을 다시 싸야하고 그걸 다시 또 다른 방에 가서 풀어야 한다. 귀찮다.’

“아니, 방은 안 옮길래, 하지만 또 벌레가 나오면 부를 테니 그땐 꼭 잡아줘.”

나의 귀찮음이 바퀴벌레를 이겼다.
아마 이날 나는 어딘가 꼭꼭 숨어있는 바퀴벌레와 함께 잠들었으리라.

가장 맛있는
쌀국수 분보훼

바구니 자전거를 빌려 분보훼 Bun Bo Hue 를 제일 잘한다는 집을 찾아 나선다.
열심히 자전거 페달을 밟았는데 어느 순간 같은 곳을 뱅뱅 맴도는가 싶더니 결국은 또
길을 잃어버리고 말았다. 제각각 다른 위치를 알려주는 사람들 때문에 구슬땀까지 흘
려가며 헤매다가 출발한 지 1시간 30분 만에 겨우 분보훼 가게에 도착했다. 숙소에서
자전거로 정확히 5분이면 갈 수 있는 거리를 또 바보처럼 헤매고 다녔다는 걸 돌아갈
때가 되서야 알게 되었다.

메뉴라고는 딸랑 분보훼 하나, 그래서 가게 이름도 그냥 분보훼.
이런 고생을 알 리 없는 가게 사람들은 땀을 흘리며 울상을 짓고 들어서는 나를 모두
무표정하게 쳐다본다. 오전 10시 이전에는 마당 앞까지 앉을 자리도 없이 붐빈다는
유명한 가게치고는 가게 안은 상당히 볼품없다. 점심시간이 훌쩍 지나서 도착한 가게
는 한산했지만 간간히 고급 승용차를 타고 온 아저씨들이 허름한 가게까지 오는 걸 보
면 분명 유명한 가게인 것은 틀림없는 듯했다.

얼굴에 심술이 가득한 꽃무늬 분홍 잠옷 차림의 언니는 분보훼 한 그릇과 향채가 가득
담긴 그릇을 탁 놓고 간다. 붉은색 기름이 둥둥 떠 있고 두툼한 삶은 돼지고기와 어묵
이 한가득인 분보훼는 눈으로는 그 맛을 의심했지만 매콤한 국물과 국수가 절묘하게
어우러져 베트남에서 맛본 국수 중 단연 최고의 맛이다. 한참을 헤매고도 포기하지
않고 찾아온 보람이 느껴지는 순간이다.

이후 세 번 연속 찾아가니 꽃무늬 잠옷 언니는 살짝 한쪽 입 꼬리를 올리는 것으로 비
로소 날 아는 체해준다. 그래도 기분이 좋다.

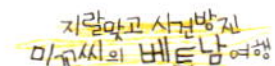

"언니, 나 기억하는구나? 그렇지? 나 기억하는거지?"

씨익 웃으며 고개를 살짝 끄덕이고는 분보훼 한 그릇과 향채가 담긴 그릇을 테이블에
툭 던지고 그녀는 가버린다. 그냥 서있어도 땀이 흐르는 무더운 날, 뜨겁고 매콤한 분
보훼는 역시나 여전히 맛있다.

이것이 바로
베트남의 더위를 이기는
이열치열!

왕궁 투어?
보트 투어?

베트남을 최초로 통일한 응웬 왕조^{Nguyen Dynasty}의 수도였으며 13명의 황제를 배출한 유서 깊은 역사 도시 훼는 성벽으로 둘러싸인 구시가지 전체가 유네스코 세계문화유산으로도 지정되어 있다.

패키지 투어는 매번 실망스럽다는 것을 알면서도 훼의 구시가지와 신시가지를 가로지르는 흐엉강^{Song Hong River}을 용머리 보트를 타고 내려온다는 말에 혹해서 또 다시 투어를 신청한다.

아침 8시부터 시작한 투어는 타보고 싶은 용머리 보트는 태워주지 않고, 몇 시간째 계속 왕궁과 능만 돌아다니고 있어 점점 실증 단계를 넘어 짜증으로 바뀌고 있다. 뜨거운 햇볕을 피해 황제 능 앞 계단에 앉아 담배를 피우는 가이드와 관광객들의 모습은 참으로 경악하게 만든다. 가이드라는 직업을 할 수 있게 해준 문화유산 앞에서 담배를 버젓이 펴대는 베트남 사람이나 자신의 나라에서는 상상조차 할 수 없는 일을 남의 나라 귀한 유산 앞에서는 아무렇지도 않게 행동하는 서양인들은 정말 정신 차릴 때까지 혼나봐야 한다.

이젠 익숙해질 때도 됐지만 절대 익숙해지지 않는 가이드의 영어 발음은 모두를 짜증나게 하는 결정적인 역할을 했다. 뭘 알고 봐도 어려운 게 역사 유적인데 알아듣지도 못하는 역사 투어는 모두에게 의미가 없었다. 결국 마지막 황제 능은 건너뛰자는 우리 제안에 가이드는 속도 모르고 얼씨구나 좋아한다.
지루하던 왕궁 투어를 드디어 끝내고 고대했던 용머리 보트를 타러 갔지만 보트의 외형은 조악하기 짝이 없었다. 하지만 볼품없어 보이는 용머리 보트를 타고 흐엉강 물줄기를 따라 좌우로 보이는 시가지 풍경은 20분 동안 나를 가만히 앉아있지 못하게 만들었다. 그리고 내가 생각할 수 있는 모든 감탄사를 끄집어낸다.

　　'우와', '이야', '와우', '오~'

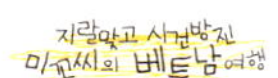

니나카페를
아시나요?

베트남 여행 중에 훼를 세 번이나 방문했다.
처음은 베트남 횡단 여행 중이었기 때문에 여행 계획에 따라 방문했고,
두 번째는 비자 만료 기간이 다 되어서 라오스 국경을 넘어갔다 오려고 방문했다.
그리고 세 번째는 베트남 남부에서 끝내기로 한 여행 계획에 차질이 생겨 다시 훼로
와서 라오스를 가기 위해 어쩔 수가 없었다.

세 번이나 훼를 찾아온 내게는 단골집이 하나있다.
신시가지의 좁은 골목에는 일본 여행자들에게 인기 있는 빈즈엉호텔Binh Duong Hotel이
있고 그 좁은 골목 안쪽, 더 좁은 골목 안에는 일반 가정집 작은 마당에 몇 개의 테이
블을 놓고 장사하는 아담하고 소박한 레스토랑 니나카페Nina Cafe가 있다.

베트남 사람들에 대한 편견과 오해를 사라지게 해준 니나카페는 정이 넘치는 한 가족
이 운영하는 레스토랑이다. 니나카페의 주인인 니나파파는 손님들이 자신의 음식을
맛있게 먹어주는 걸 가장 큰 행복으로 여기는 자상한 분이다. 니나파파의 요리 솜씨
는 개인적인 생각이지만 베트남에서 최고라 해도 손색이 없을 것이다.
일본 젊은이들이 많이 찾는 곳이기 때문에 요리가 전체적으로 정갈하고, 아저씨의 함
박웃음만큼이나 양 또한 넉넉하다. 짧은 영어 실력이지만 자신의 가게를 찾아온 사람
들에게 온갖 보디랭귀지를 동원하여 그들과 어떻게든 친해지려고 노력하는 그는 상
당히 유쾌하고 정이 넘친다.

18살 소녀 니나는 학교 수업시간 외에는 부모님을 대신하여 가게에서 주문도 받고 손
님과 소통이 필요할 때는 영어로 통역도 하는 착한 딸이다. 하지만 세 번째 훼에 방문

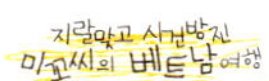

했을 때 이 착한 딸은 많이 변해 있었다. 영어를 못하는 부모님에게 까칠하게 대하는 그녀를 보고 참으로 못마땅했고, 영어를 할 줄 아는 것이 부모와 자식 간의 권력처럼 작용하는 것은 아닌지 걱정스러웠다. 사실 가장 걱정스러운 건 이곳을 찾는 많은 일본 남자들에게 정을 주어 마음의 상처를 입는 건 아닐까 하는 여자로서의 걱정이 컸다. 훼를 떠나는 날이자 베트남을 떠나는 날, 내가 아끼는 반지를 그녀에게 주며 그녀가 지금 이대로 착하고 예쁘고 순수한 베트남 아가씨로 살아가기를 기원했다.

하루 모든 끼니를 니나카페에서 해결하고 하루 종일 시간을 보내건 어느 날 저녁 니나 파파가 한국어를 가르쳐 달라고 한다.

> "안녕하세요."
> "반갑습니다."
> "어서 오세요."
> "나는 니나파파입니다."

아주 기본적인 몇 가지를 알려주는데도 한 시간 이상이 걸린다. 돌아서면 까먹고 돌아서면 잊어버리는 니나파파의 단기 기억력 때문에 작은 공책에 스리 나는 대로 영어 철자를 또박또박 적어준다.

Hello – 안녕하세요(An nyung ha se yo)
Nice meet you – 반갑습니다(Ban gab sub ni da)
I am Nina papa – 나는 니나파파입니다(Na nun Nina papa yib ni da)

니나파파는 잘하지도 못하면서 한국말을 할 줄 안다고 자기는 이제 한국인이라며 좋아한다. 아저씨의 천진난만한 모습에 절로 웃음이 난다. 장난기가 발동한 나는 니나파파에게 한국 호칭을 붙여주었다.

> "니나파파는 이제 한국 사람이니까 한국 이름을 지어줄게. 음. 조 씨 아저씨, 그래 '조 씨 아저씨'라고 하자. 조 씨 is Korea Family name, 아저씨 is mister"

왜 하필 '조 씨'라고 했을까? 갑작스럽게 지어낸 것이 흔한 김 씨도 이 씨도 아닌 '조 씨'라니 나도 모르겠다.

"따라 해봐, 나 는 조 씨 아 저 씨 입 니 다."
"Na nun Jo si a je si yib ni da."
"잘했어요, 이제 한국 사람이 오면 '나는 조 씨 아저씨입니다'라고 소개해요."

'조 씨 아저씨'라는 호칭이 맘에 든 건지 니나파파는 반복적으로 '조 씨 아저씨'를 읊조린다. 그리고 니나마마에게는 '조 씨 부인', 니나에게는 '조 씨 딸'이라는 호칭을 붙여 니나 가족을 '조 씨 패밀리'로 만들어버렸다. 성만 있고 이름은 없는 훼의 신시가지 작은 골목 안 레스토랑의 조 씨 패밀리가 그렇게 탄생되었다.

"그럼 이제 우리 한국 사람인 거지?"
"물론이죠!"
'당신들은 이제 한국말을 하는 훌륭한 조 씨 가족입니다.'

베트남 훼에 오셨나요? 그럼 니나카페를 아시나요?
그 동안 당한 사기로 베트남 사람들이 싫어졌다면 니나카페에서 순수하고 정 많은 베트남 사람들의 마음을 느껴보세요.

한국 사람을 무척이나 좋아하는
니나파파의 순수한 미소와 맛있는 음식.
수줍지만 누구보다 정이 넘치는 니나마마
그리고 쾌활한 베트남 아가씨 니나를 만날
수 있는
니나카페를 방문해보세요.

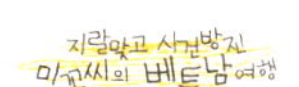

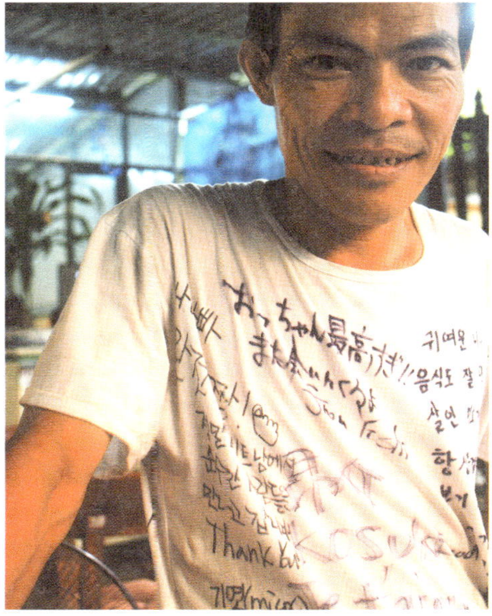

내가 그렇게
만만하니

두 번째 찾은 훼의 버스터미널에 도착하기 전 굳게 마음먹었었다.

'이번에는 반드시 빈즈엉 1호텔에 묵으리라'

하지만 버스 터미널에서 내리자마자 한국말을 유창하게 하는 호객꾼 청년에게 또 한 번 정신을 빼앗겨 빈즈엉 1호텔 바로 대각선 앞 숙소로 끌려갔다. 로비에는 나처럼 호객꾼들에게 끌려온 외국인들로 북적거린다.

4층 맨 끝 방, 에어컨에서는 더운 바람이 나오고, 창문을 열어도 바람 한 점 들어오지 않는다. 뜨거운 물은 제대로 나오지도 않고, 수압이 낮아서인가 물마저 졸졸졸 시냇물 흐르듯 나온다.

'왜 그랬을까? 바로 앞에 빈즈엉 1호텔을 두고 왜 그랬을까?'

후회를 해보지만 이래저래 뭐하나 마음에 드는 구석이라고는 하나도 없는 이 방에서 하룻밤을 어쩔 수 없이 묵는다.

3개월 베트남 비자를 한국에서 받아 출국하려 했지만, 베트남 현지에서 난동을 부린 한국 아저씨들 덕분에 3개월 비자가 나오지 않아 어쩔 수 없이 1개월 비자만 받은 채로 베트남에 왔다.

'제발 한국 아저씨들 외국 나가서 이러지 좀 맙시다.'

비자 만료일이 다가와서 15일짜리 무비자를 받으려면 어쩔 수 없이 라오스 국경을 넘어갔다와야만 했다. 어느새 베트남에서 머문 지가 1달이 되어 가는 셈이다. 무슨 일이

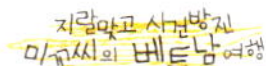

있어도 내일은 베트남 옆 나라 라오스를 반드시 갔다 와야 한다. 한마디로 살짝 국경만 넘었다가 출입국 사무소에서 도장만 확인받고 다시 되돌아오는 '국경놀이'를 해야 되는 것이다.

호텔 골목 입구의 젬스 카페Gem's Cafe에는 통통한 몸집과 잘 어울리는 허스키한 목소리를 가진 시원시원한 성격의 여사장이 있다. 그러나 비자클린을 위한 라오스행 버스표를 구입하러 갔다가 나는 그녀와 10분간이나 실랑이를 벌여야만 했다.

　　"내일 비자클린하려고 라오스 국경에 가야해."
　　"오케이, 오전 출발, 오후 출발 두 가지가 있어."
　　"난 오전에 가서 국경 넘고 비자클린만하고 바로 훼로 돌아올 거야."
　　"오케이. 하지만 1박을 싸완나켓Savannakhet에서 보내야 하는데……."
　　"뭐? 난 1박 안 해, 그냥 비자 클린만하고 바로 와야 돼."

국경지역인 싸완나켓에서 1박을 해야 한다는 여사장과 죽어도 안하겠다는 나와의 실랑이, 결국 내게 질려버린 여사장이 무조건 오케이를 함으로써 일단 정리한다. 라오스행 버스표와 며칠 뒤 다른 지역으로 이동할 버스표까지 구입을 했지만 뭔가 찜찜하고 불안해서 나오는 길에 다시 확인을 받는다.

"다시 말하지만 난 절대 1박 안 해. 아침에 갔다 오후에 돌아오는 거 맞지?"
"오케이!"

하지만 니나카페에서 빈즈엉호텔 매니저 '마이'를 만나 버스표를 보여주지 않았더라면 다음날 꼼짝없이 라오스 국경 지역 싸완나켓에서 1박을 해야 될 뻔했다. 분명히 몇 번씩이나 1박은 절대 안한다고 했는데 1박을 해야 하는 버스표를 주다니, 어처구니없는 사실에 잔뜩 화난 얼굴을 붉히며 씩씩대면서 젬스 카페로 향한다.

"사장님, 내가 몇 번을 이야기했어. 절대로 1박 안한다고. 이 티켓은 싸완나켓에서 1박을 해야 하는 거라며? 나 취소할 거야. 취소해줘."

쏟아 붓는 내말에 난처한 표정이 역력한 여사장은 갑자기 어디론가 전화를 건다.

"음, 취소는 할 수 있어. 하지만 당장 내일 아침 출발하는 표라 저녁에는 취소해도 요금 환불은 해줄 수 없어."

"으아악, 뭐야 뭐야, 왜? 환불이 안 된다고? 그럼 이 버스표는 포기하겠어. 그리고 또 다른 버스표도 지금 당장 취소시켜줘."

환불이 안 된다고 하면 취소하지 않을 것이라 생각했던 여사장은 표를 포기하고 다른 버스표마저 취소하겠다는 나의 말에 당황스러워 한다. 그러더니 갑자기 다른 루트로 가는 방법을 이야기해준다.

'꼭 성질을 내야만 해결해주는 건가? 그냥 기분 좋게 해주면 왜 안 되는 거지?'

상당히 큰 차액이 있지만 차액 환불도 안 된다는 여사장 이야기에 차액이고 뭐고 외딴 곳에서 1박을 하지 않아도 된다는 것에 만족하며 여사장을 한 번 흘겨본다.

'날 너무 만만하게 봤어'

새벽에 일어나 샤워를 마치고 짐을 챙겨서 체크아웃을 한 후 짐은 빈즈엉호텔로 옮겨
놓고 젬스 카페로 향한다. 분명 오전 6시까지 늦지 않게 나오라고 해놓고, 버스는 7시
가 다 돼서야 나타난다.
비무장지대를 돌아보는 DMZ 투어 버스를 타고 가다가 나만 먼저 내리는 것이라고 설
명해주는 가이드는 같이 DMZ 투어를 하고 싸완나켓에서 1박을 하고 오자며 씨알도
안 먹히는 소리를 한다. 새벽 일찍부터 일어나느라 잠도 제대로 못 잤고 아침도 굶은
나는 버스에 타자마자 깊은 잠에 빠져들었다. 1시간쯤 달리던 버스가 멈추더니 가이
드가 나에게 내리라고 소리친다.

　　　'음냐, 여기는 어디야?'

소리치는 가이드 말에 비몽사몽간에 버스에서 내려 웬 여자에게 엉겁결에 이끌려간
다. 여자는 낡고 지저분한 12인승 봉고버스에 한 마디 말도 없이 무작정 나를 밀어 넣
는다. 현지인들로 가득한 봉고버스 안은 퀴퀴한 냄새와 먼지로 가득하고, 홀로 외국
인인 나는 동물원의 원숭이가 된 듯 사람들의 시선을 한 몸에 받는다.
에어컨은 예상한대로 장식용이고, 달리던 버스는 사람들이 길거리에서 손만 들며 차
를 세워 계속 태운다. 어느새 사람과 짐으로 꽉차버린 버스 안은 끈적끈적한 살을 서
로 맞댈 수밖에 없는 상황이 된다.

낡은 봉고차가 고장으로 서지도 않고 5시간을 쉼 없이 달려온 것이 너무도 신기하다.
혼탁한 공기와 먼지 때문에 혼미해진 정신으로 라오바오 Lao Bao 베트남 출입국 관리소
앞에 도착한 나는 버스에서 내리자마자 맑은 공기를 한껏 들이마신다. 갑자기 밀려든
신선한 공기에 순간 머리가 아찔해진다.

어쨌든 무사히
베트남 출입국 관리소에
도착했다. 만세!

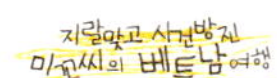

헬로, 라오스!
굿바이, 라오스!

베트남 라오바오의 출입국 관리소는 한산하다.
여권에 베트남 출국 스탬프를 찍는다. 베트남 공안은 여권에 스탬프를 찍고서는 주지 않고 자기 손을 내민다.

　　'뭐야? 왜? 악수하자고?'

음흉하게 미소를 짓는 공안과 아무 생각 없이 악수를 한다. 야릇한 미소를 지으며 베트남 말로 뭐라고 계속 얘기하는 것이 좋은 말은 아닌 게 분명하다. 기분이 찝찝하지만 베트남 말을 알아들을 수도 할 수도 없으니 그냥 웃어준다.

　　'바보'

출국 스탬프가 찍힌 여권을 건네받고 눈앞에 바로 보이는 라오스 출입국 게이트를 향해 걸어간다.

　　'흐흐, 아주 잠깐 동안이지만 잘 있어라, 베트남!'

200~300미터 정도만 걸어가면 베트남이 아닌 다른 나라로 갈 수 있다는 것이 마냥 신기하여 들뜬 마음에 발걸음마저 가볍다. 푸르른 하늘, 뭉게뭉게 피어난 구름 그리고 숨이 턱턱 막히는 열기까지 지금 이 순간 모든 게 아름답다.

베트남 국경 출입구를 지나 5분쯤 걸어서 라오스 국경게이트를 넘는다. 라오스와 베트남 현지인들은 늘 그래왔다는 듯이 아무렇지도 않게 국경을 걸어서 또는 오토바이나 버스를 타고 넘나들고 있다.

라오스 출입국 관리소에서 입국 스탬프를 받는다. 반대편으로 와서 라오스 출국 스탬프를 찍는다. 라오스를 떠나 베트남으로 되돌아오는 짧지만 그래도 가슴 벅찬 재미있는 국경놀이.

'헬로, 라오스! 굿바이, 라오스!'

다시 베트남 출입국으로 돌아와 입국 스탬프를 받으려고 창구 앞으로 가니 능글능글하게 생긴 조금 전의 공안이 여권을 괜히 꼼꼼하게 살펴보는 척을 한다. 그리고 여권의 사진을 보며 본인이 맞느냐고 물어본다. 4년 전 여권 사진이라 지금보다는 더 젊어 보일 것이고, 한 달 동안 베트남에서 새까매진 얼굴이니 못 알아 볼만도 하다.

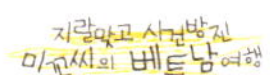

“물론이지, 나야.”
“오우, 뷰리풀!”

살짝 거짓 부끄러운 표정을 지어준다. 그랬더니 이 아저씨 아주 웃긴다. 손가락으로 자신을 한 번 가리키고 나를 한 번 가리키더니 ‘호텔? 호텔?’ 이러는 게 아닌가?

'이런 제길, 어떻게 공안씩이나 되는 사람이 외국인에게 이런 무례를……'

어이가 없어 스탬프가 찍힌 내 여권을 획 빼앗아 뒤돌아가며, 어금니 꽉 깨물고 공안을 향해 가운데 손가락을 번쩍 치켜 올려준다. 그리고는 훼로 가는 봉고 버스로 뒤도 돌아보지 않고 뛰어갔다.
버스에 오르자마자 등골에서는 식은땀이 흘러내리는 것이 느껴지고 아직도 화가 풀리지 않은 가슴이 마구 뛴다.

'내가 만만한 여자로 보였을까? 서양 여자라도 그랬을까?'

'베트남 공안 아저씨들은 모두 변태!'

짱티엔 다리와
만물상 아저씨

흐엉강은 훼를 신시가지와 구시가지로 갈라놓고, 짱티엔 다리Cau Trang Tien는 갈라진 두 시가지를 하나로 연결한다. 유유히 흐르는 흐엉강을 따라 용머리 보트와 백조 보트가 부지런히 관광객을 실어 나르고, 욕심 없는 작은 고기잡이배는 그물을 싣고 짱티엔 다리 아래를 한가로이 흘러간다.
바구니 자전거를 타고 자동차, 세옴, 씨클로가 서로 먼저 가겠다며 빵빵거리는 이 다리를 건너야만 구시가지로 갈 수 있다. 하지만 내 자전거 실력으로는 도저히 무서워서 엄두도 못 내고 다리 옆 좁은 인도를 비틀비틀 불안하게 건너다닌다.

짱티엔 다리를 건너면 대형마트 바로 앞에서 신발, 열쇠, 우산 등 온갖 잡동사니를 고치는 만물상 아저씨가 있다. 작업대 하나와 망가진 의자가 전부인 마트 앞 인도 한편이 바로 아저씨의 직장이다. 판도라상자 같은 작은 서랍 안에는 갖가지 작업 도구들이 어지러이 아저씨 손길을 기다리고, 앉기에도 민망한 부서진 의자는 한가로이 손님을 기다린다.

훼에서 만난 한국인 친구의 슬리퍼 밑바닥이 너덜너덜해져서 고쳐 신겠다며 찾아간 곳이 바로 여기였다. 땀을 뻘뻘 흘려가며 현지인에게 복사해준 열쇠는 1만 동밖에 안 받더니, 강력 접착제 몇 군데 찍어 발라 고친 한국인 친구의 슬리퍼는 2만 동을 내라고 한다. 아저씨 인상은 참 좋은데 대놓고 사기를 치신다.

아저씨가 줄칼로 쇠붙이를 이리저리 갈아대는 모습이 신기하여 뚫어지게 쳐다본다. 아저씨는 내게 줄칼을 건네주며 한 번 갈아보겠냐는 몸동작을 한다. 기다렸다는 듯이 작은 줄칼을 냉큼 건네받아 신나게 이리저리 갈아본다.

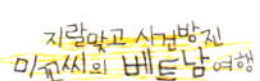

그렇게 아저씨와 나는 친구가 되었고, 자전거를 타고 짱티엔 다리를 건널 때면 늘 아저씨에게 손을 번쩍 들어 인사를 한다. 아저씨도 나를 보면 하던 일을 멈추고 웃으며 손을 들어 아는 척을 해준다. 얼마 후 망가진 내 슬리퍼 밑창은 1만 동에 고쳐주는 친절함을 베푸셨다.

구시가지 골목골목을 신나게 누비며 추억들을 한가득 자전거 타구니이 담고 되돌아오는 길, 짱티엔 다리 옆 대형 마트 자전거 보관소에 자전거를 맡기고 음료수, 간식거리, 그리고 노곤해진 몸을 달래줄 와인 한 병과 치즈를 양손 가득 사서 들고 나온다. 마트 놀이를 즐긴 후 자전거 양쪽 손잡이에 커다란 봉지 두 개를 매달고 비틀비틀 짱티엔 다리를 건너 숙소로 돌아간다. 마트에서 잔뜩 사재기를 한 무거운 봉지만큼 행복한 귀갓길, 어느덧 하늘이 붉게 물들고 있다.

해가 뉘엇뉘엇 떨어질 때쯤이면 짱티엔 다리에서 바라본 흐엉강의 하늘은 붉은 빛이 빨갛게 마음까지 서서히 물들인다. 마치 시간이 멈춘 듯, 퇴근길에 혼잡하게 뒤엉킨 자동차와 오토바이의 경적 소리마저 들리지 않는다.
때로는 주황색, 때로는 노란색, 때로는 빨간색이 순간순간 하늘과 강물을 조화롭게 물들이며, 영화의 클라이맥스 같은 벅찬 감동을 선사해준다. 나는 짱티엔 다리 위에서 혼자 미친 사람처럼 박수를 치며 외친다.

'짝짝짝, 원더풀!
짝짝짝, 뷰리풀! 짝짝짝~'

두 바퀴로 달리는
구시가지

드러난 맨살을 완전히 익혀버릴 듯한 뜨거운 낮 시간에도 바그니 자전거 페달을 신나
게 밟아가며 신시가지의 골목골목을 누빈 후 구시가지를 향해 달려간다.
구시가지는 베트남 옛 왕조 풍경 속에 어우러져 살아가는 현지인들의 삶을 골목골목
에서 느낄 수 있다. 왕궁에서 멀리 떨어진 골목일수록 외국인과의 접촉이 거의 없어
때 묻지 않은 순수한 베트남 사람들을 만날 수 있다.

짱티엔 다리를 건너 만물상 아저씨에게 손을 흔들어 반갑게 인사를 하고, 구시가지
구석구석으로 자전거 여행을 떠난다. 강물을 따라 달리다 갈증이 느껴지면 노천카페
에 자전거를 세우고 늑으미아Nuoc Mia 한 잔을 주문한다. 사탕수수에 라임 조각을 넣어
짜낸 즙에다가 얼음까지 띄어주는 시원한 늑으미아를 마시며 강물 위 보트에서 살아
가는 사람들의 또 다른 삶을 슬며시 엿본다. 작고 허름해 보이는 보트에서 모든 것을
해결하는 그들 얼굴에는 표정은 없고, 깊은 주름만 햇살에 더 둪게 패이고 있다.

닫혀있는 학교 교문 앞에서 뛰어 노는 아이들에게 손을 흔들어 인사를 하니 웃통을 벗
은 아이도, 앞니가 빠진 아이도, 새침하게 생긴 여자 아이도 나보다 더 신나게 손을 흔
들며 따라온다.
자전거를 세우고 카메라를 보이자 아이들이 카메라 앞으로 우르르 달겨들며 V 포즈
를 취한다. 셔터를 누르니 사랑스러운 아이들의 모습이 고스란히 담긴다. 나를 낯선
사람으로 생각하지 않고 친근하게 다가오는 마음이 고맙고 신나나 작은 구멍가게에
서 아이 수대로 젤리를 사서 하나씩 나누어 준다.

작은 젤리 한 컵에 무척이나 기뻐하는 아이들의 모습을 흐뭇한 표정으로 동네 사람들과 함께 바라보며, 아이들에게서 젤리 한 컵으로는 도저히 바꿀 수 없는 동심의 행복을 맘껏 누린다. '나도 하나 사줘'라는 구멍가게 아줌마 말에 모두가 다시 한바탕 웃는다. 훼를 다시 방문했을 때 혹시나 이 아이들을 또 만날 수 있을까 기대하며, 학교 앞을 서성거려봤지만 다시 만날 수는 없었다.

어딘지도 모르고 구시가지 골목을 또 다시 달린다. 달리다가 우연히 만난 현지인과 인사라도 나누게 되면 그 순간만큼은 나의 친구가 된다. 낯선 땅에서 미소만 지어줘도 가슴 벅찬 일인데, 손까지 흔들어줄 때면 나를 이곳으로 이끌어 준 자전거와 페달을 힘차게 밟은 두 다리가 기특하게 여겨진다.

베트남식 두유인 라를 작은 골목길에서 발견하고 자전거를 멈춰 세운 후 '라? 라?'를 외친다. 양 갈래 머리에 바구니 자전거를 타고 온 작은 외지인의 갑작스러운 출현에 노천 식당 아주머니는 당황한 표정으로 고개만 연신 끄덕인다.

　　"맞구나! 와우! 라 주세요."

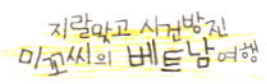

신시가지에서는 보지 못했던 라를 구시가지 어딘지도 모르는 골목에서 찾아낸 기쁨에 아주머니의 당황한 표정 따위는 눈에 들어오지도 않는다. 설탕을 한 움큼 넣고 두유를 부은 후 커다란 얼음을 칼로 조각 쳐서 만들어 준 라를 받아들고 누가 볼세라 단숨에 들이킨다. 시원하면서 달콤한 라 한 잔에 무더위에 쉴 새 없이 달려 지친 내 몸이 새로 기운을 낸다. 늦은 점심을 즐기던 베트남 사람들이 이 도습을 보고 박수를 치며 좋아한다. 살짝 미소를 띠며 V자를 그려 그들에게 답례하고 나만의 대화법으로 그들과 대화를 나눈다.

구시가지 어딘지도 모를 시장 입구에서 베트남식 팥빙수인 쩨Che를 파는 아주머니를 만났다. 수레에는 불린 팥, 콩, 녹두, 코코넛 껍질, 과일, 젤리 등 다양한 쩨의 재료가 담긴 커다란 통이 실려 있고, 수레 앞에는 젊은 사람이 쩨에 들어가는 재료를 고르고 있다. 신기한 구경거리에 자전거를 멈추고 현지인들이 쩨를 사먹는 모습을 구경하다 한가해진 틈을 타 아주머니에게 나도 주문을 한다.

"먹고 갈 거야? 가져갈 거야?"

물론 베트남어로 물어보지만 이젠 눈치로 다 알아들을 수 있다. 나는 조용히 수레 뒤편에 마련된 테이블을 가리킨다. 불린 팥과 몇 개의 과일을 골라 쩨를 만들고, 갈은 얼음을 한 가득 넣은 후 기다란 수저 하나를 꽂아 내게 건네준다. 수저로 갈은 얼음을 저어가며 녹인 후 잘 섞어서 한 입 떠 먹어본다.

머릿속까지 시원해지는 영락없는 팥빙수 맛이다. 낯선 이방인이 자신이 만든 쩨를 어떻게 먹는지 궁금했는지 고개를 돌려 자꾸 쳐다보시는 아주머니에게 엄지손가락을 치켜들며 '굿' 이라고 해주니 그제야 픽 웃으시며 다시 볼일을 보신다. 비록 현지인에게는 5천 동에 팔면서 나에게는 아무렇지 않게 1만 동이나 받지만 맛있으니 봐드린다.

구시가지의 늘어진 나무 그늘 사이로 잔잔히 불어오는 바람에 머릿결을 휘날리며 자전거 페달을 신나게 밟는다.

오늘도 바람이 분다.

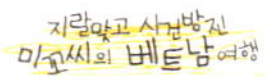

빈즈엉1호텔의
마이와 준

베트남 훼에는 일본인 여행자들 사이에 유명한 숙소가 있다. 일본어를 일본 사람보다 더 자연스럽게 구사하는 직원들이 있는 빈즈엉 1호텔. 로비에는 일본 만화책이 가득한 책장이 있고, 손으로 직접 그린 온통 일본어로 표기된 아기자기한 지도가 눈에 띈다.
이곳에 묵고 있는 일본인들은 일어나면 로비에 내려와 무료로 제공해주는 차를 마시며 잡담을 나누거나 만화책을 보는 것으로 시간을 보낸다. 일부는 2층에서 컴퓨터를 하며 하루를 보내는 경우도 많다. 가끔 그들이 밖을 나간다 싶으면 바로 옆의 니나카페에 가거나 멀지 않은 거리의 3천 동짜리 쩨 가게에 가는 것이 전부다.
이들은 숙소에서 반경 100미터 이상을 벗어나지 않고 거의 하루 종일 호텔 안에서 살다시피 하고 있다.

두 번째 훼에 왔을 때 엉뚱한 호텔에 묵었다가 다음날 바로 빈즈엉 1호텔로 옮기면서 나와의 인연을 맺게 되었다.
일본 젊은이들로 가득한 곳이지만 나만의 아늑한 공간이 있어 비로소 마음의 안정을 되찾은 빈즈엉 1호텔Binh Duong 1Hotel에는 쾌활한 마이Mai와 유쾌한 준Jun이 있어 이곳에만 머물러도 지루하지 않았다. 특히 유난히 외모에 신경을 많이 쓰는 호텔 매니저 마이는 내가 입는 모든 옷과 액세서리에 큰 관심을 보였다.

　　"언니, 이 옷 어디서 샀어? 얼마야?"
　　"언니, 귀걸이 예쁘다."
　　"언니, 두건 너무 예쁜 걸."

나를 꼬박꼬박 한국말로 언니라 부르는 마이는 일본인보다 더 유창한 일본어 실력에 영어 실력도 상당하다. 일본사람들을 상대하는 직업 때문인지 몰라도 애교가 넘치고 붙임성이 있는 그녀는 당당하고 자신감이 넘쳤다.

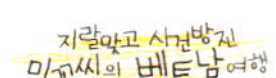

호텔에 머무는 일본 젊은이들과 수준 높은 일어로 대화를 하는 준은 사실 아직까지도 호텔에서 어떤 위치의 직원인지는 정확히 모르겠다. 나를 보면 활짝 웃으면서 또박또 박 큰 소리로 인사대신 '사랑해요' 라고 한국말로 외치는 준.

"누나, 사랑해요"

처음에는 능글맞아 보여 인상을 살짝 찌푸렸으나 어디까지나 장난끼 넘치는 준만의 해맑은 인사 방법이란 걸 알고 난 후 준의 '사랑해요' 인사에 나는 두 손으로 크게 하 트까지 머리 위로 만들어 'Me, too' 라고 대꾸할 수 있었다.
한 번은 준의 짓궂은 말장난에 손사래를 치며 '엄마~' 라고 외치자, 준은 웃으면서 '엄 마는 한국에 있잖아' 라고 받아쳐 배꼽을 잡고 눈물까지 흘려가며 웃었던 적도 있었다.

마지막으로 훼에 왔을 때 다시 빈즈엉 1호텔을 찾아간 나를 마이는 부둥켜안고 폴짝 폴짝 뛰며 격하게 반겨주었다. 물론 그녀만의 오버 액션이란 것쯤은 알았지만 그래도 그녀가 분명 나를 좋아하고 그리워하고 있었다고 믿고 싶다.
신세대 베트남 여성인 마이와 우리나라로 치면 나쁜 남자에 속하는 매력 넘치는 장난 꾸러기 준이 있는 빈즈엉 1호텔.

일본인 같지 않은 일본인,
일본인 같은 한국인

일본의 하와이라 불리는 오키나와^{Okinawa}에서 여행 온 일본인 코스케^{Kosuke}.
마지막 훼를 방문하여 빈즈엉 1호텔을 찾아왔을 때 매니저 마이와 얼싸안고 재회의
기쁨을 나누던 나를 호기심 어린 눈으로 로비 의자에 앉아 바라보던 코스케. 그는 니
나카페에서 나와 니나 가족이 오래된 친구처럼 반갑게 인사하는 것이 신기해서 내게
말을 걸었다고 했다.

“일본 여자인줄 알았어.”
“그래? 나는 네가 일본 사람이 아닌 줄 알았어.”

덥수룩한 곱슬머리에 진한 쌍꺼풀, 성냥개비도 올라갈만한 숱 많은 기다란 속눈썹 그
리고 큰 키에 덩치가 있는, 그는 지금까지 보아온 여느 일본 남자들과는 달라 보였다.
미군이 주둔했던 군사도시에서 지금은 휴양관광도시로 발전한 오키나와에서 태어나
고 자란 그는 보통의 일본 사람들과 다른 환경에서 자란 탓인지 생각도 행동도 확실히
다른 조금은 별난 청년이다. 지나치게 남을 배려하기 때문에 진짜 속마음을 알 수 없
는 일본인들과는 달리 자유로운 영혼을 가진 친구랄까.

“남자 친구 있어요?”
“전화번호 주세요.”
“이 사람이 지금!”

코스케의 이런 뜬금없고 엉뚱한 한국말에 깜짝깜짝 놀란다.
몇 해 전 호주에서 공부하던 시절, 같이 살던 한국인 친구에게 배웠다는 그는 일반적
인 한국말보다는 엉뚱한 한국말로 우리를 웃음바다로 만들었다. 한국친구에게 배웠

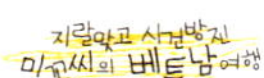

다는 소방차의 노래 '어젯밤 이야기'를 뜻도 모르면서 부른 후 가사 하나하나의 의미를 물어보고 나는 또 거기에 열심히 해석을 해주었다. 일본 여행객들로 가득한 빈즈엉 1호텔에 찾아온 쾌활한 한국 여자가 그의 눈에는 신기했고, 다른 일본 청년과는 확연하게 다른 외모와 성격의 그가 나는 신기했다.

일본인 같지 않은 일본인 코스케, 일본인 같은 한국인 미꼬씨의 인연은 이렇게 시작되었다.

오키나와에서 밴드 활동을 한다는 코스케는 기타만 있으면 어디서든 상관없이 노래를 불렀고, 남을 의식하지 않은 그와 함께 있을 때는 살짝 부끄러웠다. 보기와는 달리 생각이 깊은 친구지만 가끔 마음을 아프게도 했고, 소신이 뚜렷한 남자지만 어쩔 때는 고집불통의 남자였다. 어찌 보면 한국에서 말하는 나쁜 남자보다 더 나쁜 치명적인 매력을 지닌 남자였다.

훼에서 만난 인연으로 우리는 다음 여행지인 라오스 방비엔과 태국 방콕에서 우연히
다시 만났고, 나는 오키나와를 그는 한국을 가고 싶어 하는 서로를 그리는 친구가 되
었다.

니나카페에는
김치볶음밥이 있다

그러니까 사건의 발단은 이랬다.

마이가 일러준 빈즈엉 1호텔에서 멀지않은 골목 안쪽에는 3천 동이면 맛 볼 수 있는 현지인들이 주로 찾는 허름한 쩨 가게가 있다. 쫑아와 쩨를 먹기 위해 이곳을 찾았고 이날 오후 훼를 떠나 하노이로 간다는 타쿠야는 코스케, 니나와 함께 쩨 가게를 찾아와 자연스럽게 합석을 하게 되었다. 호주에서 한국인 친구에게 불고기 요리를 배웠다는 코스케의 이야기에 나는 두 손을 모으고 눈까지 똘망똘망하게 뜨고는 오늘 저녁에 불고기 요리를 해달라고 조르기 시작했다.

　　"고추장이 없자나?"

급작스러운 제안에 당황한 코스케가 얼버무린다. 쫑아가 한국에서 올 때 가져온 고추장이 있었으므로 나는 의미심장한 미소를 지어 보인다.

　　"후후, 코스케 걱정 마! 고추장 있어."

설마 고추장이 있으리라 생각 못했던 코스케는 뜻밖의 대답에 고개를 떨어뜨리며 한숨을 쉬더니 타쿠야에게 볼멘소리로 '맨독싸이めんどくさい' 라고 말한다.

　　"맨독싸이데스까?"

맨독싸이는 '귀찮아' 라는 표현의 일본 말로 코스케의 말을 들은 쫑아가 '귀찮아요?' 라고 코스케에게 반문한다.

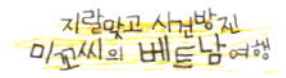

사실 한국오기 전 반년정도 일본어 학원을 다닌 쫑아는 그들의 대화를 어느 정도 알아 듣고 있었다. 깜짝 놀란 코스케는 부끄러워 얼굴을 살짝 붉히며 귀찮지만 어쩔 수 없이 우리를 위해 불고기 요리를 해주기로 마지못해 약속을 한다.

'브라보'를 외치며 나는 다시 똘망똘망한 눈으로 타쿠야를 쳐다보며 다시 한 번 의미심장한 미소를 지었다.

"타쿠야, 내일 하노이로 가면 안 될까?"

전형적인 일본인 스타일의 타쿠야도 나의 제안에 무척이나 당황한다. 모두 그에게 하노이행 버스표를 내일로 미루고 우리와 함께 저녁식사를 하자고 조르기 시작한다. 거절 못하는 전형적인 일본인 타쿠야는 코스케를 한 번 쳐다보더니 이 황당한 상황에 어이없어 하며 알았다고 일단 승낙을 한다.

우리는 빈즈엉 1호텔로 우르르 몰려가 마이에게 타쿠야의 하노이행 버스 시간을 내일로 미루고서야 필요한 식재료를 구입하러 마트로 향한다. 그때까지도 '뭔가 이건 아니야, 잘못 걸린 거야, 대체 저 한국 여자는 뭐야!' 라는 표정의 뚱한 코스케의 얼굴을 보며 나는 반달눈을 만들어 활짝 미소 짓는다.

　"웃어, 코스케! 신나잖아."

마트에서 베트남산도 중국산도 아닌 한국산 김치를 발견하고 나는 감격에 겨워 한 봉지를 덥석 사들고 김치볶음밥을 해주겠다며 으스댔지만 이미 한국 음식을 많이 접해 본 코스케가 한마디 한다.

　"그거 김치 썰어서 볶다가 밥 넣고 볶으면 끝이잖아."

눈을 흘기며 코스케를 바라보니 타쿠야가 '아니야, 맛있겠다.' 라며 나를 토닥여준다. 니나의 도움으로 마트 옆 시장까지 돌아보며 코스케가 만들 불고기감 고기와 야채를 구입한다. 불고기는 상추쌈이 제 맛이라는 나의 고집에 상추를 찾아 시장을 두 바퀴 돌고서야 폭우로 값이 껑충 뛴 상추를 산 후 니나의 카페로 돌아온다.

주방을 흔쾌히 내주신 니나파파의 배려로 우리만의 파티를 위한 요리를 시작한다. 머리에 수건까지 두른 채 제법 요리사 같은 폼으로 꼼꼼하게 불고기를 만드는 코스케, 김치를 꺼내서 아무렇게나 마구 썰어 기름을 두르고 커다란 프라이팬에 볶아서 쓱싹 쓱싹 김치볶음밥을 만드는 나, 코스케의 보조 타쿠야와 니나 그리고 나의 보조 니나파파와 마마, 우리의 요리 과정을 캠에 담는 쫑아까지 좁은 주방은 내가 사랑하는 사람들로 가득하고 맛있는 음식 냄새로 넘쳐난다.

사실 불고기는 간장으로 재어서 만드는 거라고 알려줬지만 자기가 배운 거는 고추장이 들어간 매운 불고기라며 새로운 불고기 요리를 하는 코스케는 요리 내내 말도 없이 자신의 요리 세계에 빠져있다. 북적북적 사람으로 가득한 주방에서 요리를 끝내고 코스케의 고추장 불고기, 미꼬씨의 김치볶음밥 그리고 쫑아가 한국에서 가져온 메추리 알 장조림, 거기에 상추와 볶음 고추장까지 한국 식단으로 가득 차려진 테이블에는 우리들만의 조촐하지만 가슴 따뜻한 즐거운 저녁 식사 준비가 끝났다.

고추장으로 만든 코스케의 불고기는 생각 외로 맛이 있었고, 나의 김치볶음밥은 제대로 맛이 든 한국 김치 덕분에 맛이 꽤 괜찮았다. 상추에 쌈 싸먹는 방법을 알려주니 처음에는 다들 '이게 뭐야' 하며 희한하게 생각하더니만 어느새 상추에 불고기, 볶음 고추장, 김치와 함께 싸서 먹는 쌈의 맛에 다들 푹 빠져 모든 음식을 하나도 남김없이 바닥 내버린다.

말없이 나의 김치볶음밥 만드는 과정을 지켜보던 니나파파는 간단하면서도 맛이 좋은 김치볶음밥에 매료되어 결국 메뉴에 김치볶음밥을 추가하겠다며 메뉴 이름과 적당한 가격을 메뉴판에 적어달라고 한다. 나는 '김치볶음밥 4만 동(2,400원)' 이라고 써 넣었다. 너무 비싸다며 가격을 낮추자는 니나파파에게 절대로 비싼 게 아니라고 설득하여 한국의 김치볶음밥을 메뉴에 추가시켰다. 대신에 계란프라이를 꼭 얹어 주는 것을 잊지 말라며 쫑아가 계란프라이가 올려진 김치볶음밥을 그려주고서야 니나파파는 알겠다며 4만 동짜리 김치볶음밥을 인정한다.

한국에 돌아온 후 김치볶음밥의 반응이 너무 좋다며 고맙다그, 그리고 많이 보고 싶다는 니나의 반가운 메일을 받았다.

베트남 훼, 니나카페,
니나파파만의 김치볶음밥은 과연 어떤 맛일까?
그 맛이 궁금하다. 니나파파의 요리솜씨를 보면 분명히 내가 단든 김치볶음밥보다 맛있으리라.

모두의 얼굴에 기쁨이 가득 넘치는 우리가 만든 우리의 행복했던 저녁식사 시간이 그렇게 흘러간다.

호이안 구시가지는
동남아시아의 중계 무역도시로 발달하면서
일본, 중국 그리고 베트남 문화가 어우러진 건물들이 들어서 있다.
유네스코의 세계문화유산으로 보호받고 있는 골목골목이
역사적 향취가 그대로 남아있는
작은 마을 호이안.

호이안으로
가는 길

훼에서 베트남 남부로 가는 길은 경치가 아름답기로 유명하다.
호이안까지는 버스로 4시간 정도 걸리지만 가는 길이 워낙 아름답기 때문에 풍경에
취하고 싶은 여행자라면 버스대신 세옴을 이용하기도 한다. 나도 두 개나 되는 커다
란 배낭만 없었다면 분명 세옴을 타고 호이안으로 갔을 것이다.
니나파파는 호이안으로 가는 길은 무조건 오토바이를 타야 한다고 권했지만 내 짐을
보더니 고개를 절레절레 흔든다. 어쩔 수 없이 오픈 투어 버스를 이용할 수밖에 없는
상황이다.

베트남 여기저기에는 매너 따위와는 거리가 참으로 먼 영국 여행자들이 널려있다. 호
이안으로 가는 오픈 투어 버스에서 만난 영국 여자들도 역시나 내 생각이 틀리지 않았
음을 확인시켜준다. 내 뒤에 앉은 영국 여자들은 의자에 비딱하게 드러누워서 내 자
리 팔걸이에까지 두 발을 올려놓은 채로 모가 그리 좋은지 시끄럽게 자기들끼리 떠들
어댄다. 결국 또 숨기고 싶었던 성질을 끄집어내야만 했다.

> "그만 좀 떠들어!"
> "다리 좀 내려놔!"

작지만 성깔 있는 동양 여자의 까칠한 소리에 20대 초반의 영국 여자들은 순간 움찔
했지만 채 몇 분도 못가 이내 다시 떠들어대기 시작한다.

> '아, 정말 얘네들 너무 싫다.'

호이안으로 가는 길은 응우한썬 Ngu Hanh Son(다낭과 호이안 중간에 있는 5개의 산으로
대리석이 많아 마블마운틴이라고도 불린다.), 다낭의 차이나해변 China Beach 그리고 해

발 500m의 구불구불한 하이번 언덕 Hai Van Pass이 있어 아름다운 베트남의 자연 풍광을 이동하면서 즐길 수 있다. 훼에서 버스로 내려간다면 오른쪽 좌석에, 호이안 또는 다낭에서 훼로 올라온다면 왼쪽 좌석에 앉아야 절경을 제대로 감상할 수 있다.

차창 밖 하늘에는 멋진 구름이 뭉실뭉실 피어나고, 나는 열리지도 않는 버스 창문에 얼굴을 바짝 대고 앉아, 대단한 것이라도 구경하는 아이처럼 입을 쩍 벌리고 다물지 못한 채 넋 놓고 창밖 풍경을 바라본다.
산등성이에 걸려있는 뭉게구름이 자꾸 버스에서 내리라고 나를 유혹한다. 기사 아저씨에게 세워 달라 하고 싶은 마음과 열리지 않는 버스 창문을 어떻게 해버리고 싶은 마음을 겨우겨우 억누르며, 카메라 앵글에 들어오는 멋진 풍경들을 정신없이 셔터를 누르며 담아내는 걸로 만족한다.

한적한 도로를 2시간쯤 달리던 버스가 휑뎅그렁한 도로가에 자리 잡은 휴게소에 멈춰 선다. 한낮의 이글거리는 태양은 아스팔트까지 끈적끈적하게 녹여내며 아지랑이를 피워 올리고 있다.

이 지역을 오가는 모든 여행사 버스들은 이 휴게소를 들리다 보니 나는 이곳을 본의 아니게 5번이나 오게 됐다. 원하진 않았지만 자동으로 단골이 되어버린 셈이다. 그리고 3번째 찾아왔을 때는 급기야 이들은 '도대체 뭐하는 여잔데 자꾸 오가는 거야?' 라는 표정으로 나에게 아는 척까지 한다.

진하고 달달한 커피 향에 얼음 동동 띄운 시원한 카페쓰아다를 이제 주문하지 않아도 알아서 내 테이블에 올려주는 서비스를 받는다. 단골은 이래서 좋은 것이다.

태양을 피해 테이블에 앉아 시원한 카페쓰아다를 마시며, 허겁지겁 한 끼 식사를 해결하는 여행자들의 모습을 물끄러미 쳐다본다. 나에게는 어느 책이나 영화보다 더 재미있는 순간이다.

구불구불한 산길을 지나 베트남 여느 바다와는 다른 에메랄드빛 한적한 바다도 지나고 4시간을 달린 버스는 내가 가진 지도에는 나와 있지도 않은(사실 찾지 못한) 호이안의 외딴 도로에 나를 버렸다.

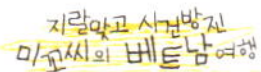

지랄맞고 사건방지
미꼬씨의 베트남 여행

세움 기사는
사기꾼

먼저 호이안으로 떠나는 벨기에 친구들을 배웅하고 훼의 호텔 로비 소파에 앉아 바구니 자전거가 오기를 기다리고 있었다. 소파 한쪽에는 장발의 파마머리를 한 일본 사람처럼 보이는 청년이 내 키만한 커다란 배낭을 열심히 정리하고 있었다.

'일본청년인가? 아닌가?'

바삐 짐을 챙기던 청년도 힐금힐금 나를 쳐다보는 모양새가 분명 내가 일본 사람인지, 한국 사람인지 살피는 것이 틀림없다. 주뼛주뼛 서로 눈치만 보다 거의 동시에 나는 청년의 짐 사이에서, 청년은 내 손에 들린 한국어 가이드북을 발견하고선 서로 한국 사람임을 확신하고 반갑게 인사를 건넨다.

"얼굴이랑 스타일이 일본 사람인줄 알았어요."
"어, 저도 일본 여자인줄 알고…… 하하"

대학교를 졸업하기 전 6개월간의 여정으로 동남아 지역을 배낭여행 중이라는 약대생 수노는 호이안으로 출발하는 버스를 기다린다고 했다.

"누나, 내일 호이안에 오게 되면 연락주세요."

10여 분 동안의 짧은 만남이지만 다음 여행지인 호이안에서의 재회를 기약하며 수노와 작별 인사를 한다. 낯선 땅에서는 같은 한국 사람이라는 사실만으로도 이렇게 쉽게 친밀감을 느낄 수 있다. 수노는 자리 잡은 호이안의 호텔 주소를 문자로 보내주었고, 나는 묵을 곳을 찾아 헤맬 필요가 없어서 너무 좋다고 착각 한 채로 다음날 호이안으로 출발했다.

호이안에 도착한 버스에서 내리자마자 절대로 예외란 것 없이 호텔 호객꾼들과 세옴 기사들이 들러붙는다. 짐이 많은 나는 이들에게는 오도 가도 못하는 완벽한 먹잇감처럼 보였겠지만 늘 줏대 없이 홀랑홀랑 넘어갔다 후회했던 기억을 되뇌며 '오늘만은 기필코'라고 마음을 다잡는다. 솔직히 말하면 너무 터무니없는 가격을 제시하는 세옴 기사들에게 짜증이 치밀고 있었다.

수노가 알려준 호텔 주소를 보여주니 무조건 안다고 타라고만 하는 세옴 기사는 5천 동이면 갈 거리를 2달러(3만 6천 동)를 달라고 한다. 분명 아주 가까운 거리를 뱅뱅 돌리다 내려줄 것이 뻔하다. 어이없다는 듯 불쾌한 표정으로 아저씨를 빤히 쳐다보니 스스로 가격을 낮춘다.

　　"그럼, 1달러?"
　　"거짓말쟁이, 처음부터 정직하게 가격을 불렀어야지, 아저씨 오토바이는 절대 안타!"

걸어서라도 찾아가겠다는 오기로 세옴 아저씨를 뒤로한 채 두 개의 배낭과 작은 카메라 가방까지 메고 보란 듯이 씩씩하게 걸어간다. 하지만 길치인 내가 제대로 찾아갈 리가 만무했다. 뜨겁다 못해 따갑게 내리쬐는 햇살, 어깨를 짓누르는 무거운 짐들 그리고 아무리 지도를 봐도 어딘지 도대체 알 수 없는 곳에서 헤매다보니 급기야 알 수 없는 서러움에 눈물까지 글썽거린다.

　　'모야, 대체 호텔은 어디에 있는 거야.'

순간 어딘지도 모를 호텔에 묵고 있는 착한 수노가 미워진다. 정신을 차리고 지도를 다시 살펴가며 걷고 있는 내 옆으로 오토바이를 탄 청년이 다가오며 묻는다.

　　"어디 가는 거야?"

뭔가 의심스러웠지만 지푸라기라도 잡는 심정으로 그에게 길을 묻는다. 요금만 제대로 부른다면 그의 오토바이를 타고 갈 생각이었다.

"여기야, 어딘 줄 알아?"

"여기 오, 여기 알아. 하지만 여기서 걸어가기에는 멀어."

수작을 부리려는 게 눈에 들어왔다.

"아니야, 멀지 않다고 하던데."

"그렇지 않아, 너는 지금 짐도 많고 이곳까지 걸어서 가기에는 너무 멀어. 내 오토바이를 타는 게 어때?"

드디어 이 청년의 양심을 확인해 볼 시간.

"얼마야?"

"음……. 원래는 3달러 받아야 하는데 2달러만 줘."

선심 쓰듯이 2달러라고 말하는 뻔뻔한 세옴 청년 때문에 지금까지 억누르고 있던 화가 드디어 폭발해버렸다.

“사기꾼, 거짓말쟁이. 내가 왜 지금 걷고 있는데, 너 같은 사
기꾼 세옴 기사 때문이라고. 당신 오토바이는 죽어도 안타!”

뜨거운 태양 볕에 벌겋게 달아오른 얼굴로 화를 버럭버럭 내고
있는데도 정말 뻔뻔한 건지 세옴 청년은 태연하게 가격을 내려
제시하며내 뒤를 졸졸 따라온다.

　“그럼, 1달러만 줘.”
　“가라고! 따라 오지 마!”

소리를 버럭 지르고 보란 듯이 세옴 기사 앞에서 마침 지나가는
택시를 잡아탄다. 택시에 올라타는 나를 멍히 바라보는 세옴 기
사를 보며 작은 승리의 쾌감을 느낀다. 시원한 에어컨 바람이 나
오는 택시를 타고 수노가 묵고 있다는 호텔에 도착하니 요금은 1
만 5천동이다. 세옴 기사들이 제시한 요금보다 저렴한 택시 요금
에, 기분 좋게 택시 기사에게 팁으로 5,000동을 주니 짐을 내려
주는 서비스도 해준다.

뻔뻔하게 사기 치는 세옴 기사, 안 당하려고 애쓰는 고집쟁이 미꼬씨.
적당히 사기 치면 적당히 속아주고 싶은데,
그들은 너무 대놓고 사기를 친다.
제발 이젠 적당히만 사기 쳐.
내 눈에는 다 보인다고.

옥탑방

독립을 한다면 한번쯤 옥탑방에서 살아보리란 꿈을 가진 적이 있었다.
하늘과 맞닿은 옥탑방, 넓지 않은 마당 평상에 누워 음악을 들으면서 책도 보고, 여름 밤이면 친구들을 불러 삼겹살 파티도 즐길 수 있고 비오는 날이면 떨어지는 빗방울 소리가 정겹고, 맑은 날 밤이면 별님과 얘기를 나눌 수 있는 그런 곳…….
하지만 소박한 나의 꿈에 대해 대부분 '한 번 살아봐 봐.' 라고 얄궂게 대답한다.
여름엔 덥고, 겨울엔 추운데다 궁핍해보이기까지 한다는 것이 말리는 이유다. 낭만이라고는 눈곱만큼도 찾아보려야 찾아볼 수 없는 메마른 감성의 나의 친구들. 지금은 옥탑방은커녕 독립도 못했지만 낭만적인 나의 꿈은 아직도 마음 한구석에 자리해 있다.

어렵게 찾아간 호텔 로비에는 수노가 마중 나와 있었다. 세옴 아저씨의 사기행각에 대해 열변을 토한 후 호텔 꼭대기 층밖에는 방이 없다는 언니의 말에 일단 방부터 구경하려고 엘리베이터도 없는 가파른 4층 계단을 올라간다.
꼭대기 층에는 딱 하나만 방이 있었다. 나무로 된 마룻바닥과 창문 그리고 옥탑방 분위기가 물씬 풍기는 가옥 구조가 무척 마음에 든다. 어렸을 적 TV로 즐겨보던 빨강머리 앤이 살던 그런 방 느낌이다. 하지만 문제는 화장실이 실내가 아니라 복도에 있다는 것이다.

　　"그래도 그 화장실은 너 혼자 사용하는 거야."

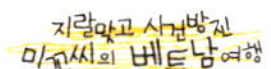

화장실이 밖에 있다는 게 상당히 못마땅해 하는 나에게 호텔 언니가 위로라고 해주는
말이다.

분위기만 좋을 뿐 역시나 옥탑방은 친구들의 말처럼 덥다. 에어컨과 선풍기를 틀어도
후덥지근하다. 혼자만 사용해서 괜찮다는 화장실은 창문이 없어 방안보다 더 덥고,
나무 마루에는 개미들이 어디에 숨어있다 나오는 건지 끝도 없이 기어 나온다.
늑으미아 봉지를 탁자에 잠시 올려놓고 화장실을 다녀와 보니 수십 마리의 개미가 바
글바글 기어 나와 아주 살판난 듯 분주하게 움직이고 있었다. 개미라면 아주 지긋지
긋한 나는 리셉션으로 헐레벌떡 뛰어 내려가 내일은 방을 바꿔줄 것을 약속받는다.

옥탑방,
상상 그 이상의 것이 함께한다.

호이안은
정전 중

숙소에 전기가 갑자기 나갔다. 창문을 열고 호이안 시내를 둘러보니 도시 전체가 깜깜한 것이 여기만 정전된 건 아니었다. 암흑으로 변한 호이안 시내는 오토바이 헤드라이트 불빛이 여기저기에서 춤을 추는 것이 마치 어렸을 적 보았던 반딧불이가 이리저리 날아다니는 것 같다.

이 와중에도 배가 고프다며 저녁을 먹으러 수노와 함께 손전등을 들고 깜깜한 호이안 거리를 나선다. 숙소 바로 옆 호텔은 자가 발전이라도 하는지 전기가 들어와 환하게 밝혀져 있었다. 왜 우리 호텔은 전기가 안 들어 오냐고 물으니 호텔 언니는 그냥 웃기만 한다. 호텔의 등급을 나타내는 별 표시가 있는 호텔은 대부분 자가 발전기가 있어 이런 상황에서도 전기를 쓸 수 있지만 우리가 묵고 있는 숙소는 별 표시가 없는 저렴한 호텔이라 자가 발전기가 있을 리 만무하다. 그저 전기가 들어오기를 넋 놓고 기다리는 수밖에 없다.

호이안의 어두컴컴한 골목골목을 '먹이를 찾아 산기슭을 어슬렁거리는 하이에나' 처럼 두리번두리번 거린다. 그러다 한 식당의 희미하게 흔들리는 촛불이 마치 우리를 부르는 것 같아 끌리듯이 들어선다. 두툼하게 삶아진 면 위에 야채와 짭조름하게 재어진 고기 고명을 얹은 까오라우Cao Lau를 주문한다. 아주머니가 밝혀준 작은 촛불에 의지한 채 겨우 젓가락을 든다. 까오라우가 호이안을 대표하는 베트남 음식이라 기대했지만 이런 상황에서 코로 들어가는지 입으로 들어가는지도 모르게 먹고 말았다.

호텔로 돌아왔지만 여전히 암흑속이다. 아마도 오늘밤에는 전기가 들어오지 않을 모양이다.

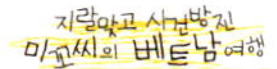

그래도 옥탑방은 하늘과 가까워
달빛이 환하게 비추니 무섭지는 않다.

스쿠터를
타다

오랜 세월동안 정글 속에 감춰졌던 투본강 ^{Song Thu Bon} 유역의 미선 ^{My Son} 유적을 둘러보는 선라이징 미선 투어. 단순히 유적지만 둘러보는 것이 아니라 투본강으로 떠오르는 일출도 볼 수 있다는 말에 솔깃하여 투어를 신청했다.

아직 해가 뜨지 않아 어둠으로 가득한 새벽녘의 호이안, 미니밴은 호이안 곳곳의 호텔을 돌며 사람들을 일일이 픽업하여 태운다. 밴에 올라탄 사람들은 졸린 눈을 어쩌지 못하고 자리에 앉자마자 다들 축축 늘어져 잠을 청한다. 투어객들을 다 태운 가이드는 미니밴을 골목 한쪽에 세우더니 차가운 샌드위치와 종이컵에 담긴 커피 한 잔씩을 느긋하게 나눠준다.

　　'이러다 동틀 텐데…….'

배를 채우려고 졸면서도 퍽퍽하고 맛없는 샌드위치를 먹고 있는 사이 출발도 하지 않았는데 동이 트기 시작한다. 그러더니 마을 전체가 금세 여명에 휩싸이고 있다. 유적지라면 이미 베트남 여러 곳을 둘러본 터라 우리에게는 큰 관심사가 아니었다. 오로지 일출을 볼 생각이었는데, 미니 밴에서 아침 같지도 않은 샌드위치를 먹다 놓쳐버린 셈이다. 선라이징 미선 투어가 아니라 선라이징 밴투어가 되버린 것이다.

1시간가량을 달려 도착한 미선은 참파 ^{Champa} 왕국의 성지로 시바신을 모시던 곳이며, 정글 깊숙하게 감춰져 있던 유적이 외국 학자들에 의해 19세기에 발굴되면서 세상에 알려졌다. 하지만 베트남 전쟁을 겪으면서 미군의 폭격을 받아 많은 부분이 파손되어 미선 유적보다는 베트남 전쟁의 상흔을 보는 듯했다.

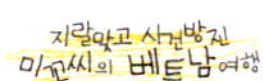

이른 아침 햇살은 벌써 뜨겁게 내리 쐬고, 선크림을 바르지 않은 내 얼굴은 제대로 지글지글 익어가기 시작한다. 결국 투어 내내 나의 투덜거림은 계속되었고, 수노와 내일 일출을 다시 보러 오자고 약속하고서야 진정되었다.

늦은 나이에 남자 친구와 헤어진 후 오기로 운전면허를 땄다. 면허만 따면 운전을 기막힌 솜씨로 할 수 있을 줄 알았다. 하지만 사이드미러와 백미러 보는 것이 너무 어려워 운전은 아무나 하는 것이 아니라는 생각에 포기를 했다. 그래도 나는 두 바퀴로 달리는 세상, 자전거에 만족했고 또 나름 즐거웠다.
하지만 내일 일출을 보러가는 길은 결코 가깝지 않은 거리기 때문에 자전거대신 스쿠터를 탈 수밖에 없다. 평생 스쿠터는 한 번도 타본 적이 없었지만 자전거만 잘 타면 식은 죽 먹기라는 수노의 말에 힘을 얻어 용기를 내보기로 했다.

'그래, 이 기회가 아니면 내가 언제 스쿠터를 타볼 생각이나 하겠어? 까짓것 해보자!'

새벽 5시 전에는 출발해야 하기 때문에 이른 새벽 숙소까지 스쿠터를 가져다 줄 곳을 알아봐야 했고 다행히 친절한 아저씨 덕분에 저렴하게 스쿠터를 예약할 수 있었다. 예약을 하고 나니 설렘과 기대로 하루 종일 기분이 들뜬다.

　　'과연 내가 혼자서 스쿠터를 탈 수 있을까?'

다음날 새벽 5시 숙소로 스쿠터를 가져다주겠다던 아저씨는 10분을 넘게 기다려도 올 기미가 전혀 없다. 이러다 또 어제처럼 일출을 보지 못할까봐 노심초사하던 우리는 결국 가게까지 찾아가 아저씨의 새벽 단잠을 깨운다.
약속을 지키지 않은 아저씨는 역시나 베트남 사람답게 미안하다는 말 따위는 가뿐하게 생략하고는 간단하게 스쿠터 작동 방법을 알려준다. 하지만 아저씨의 설명은 내 귀에는 외계어로만 들릴 뿐이다.
잔뜩 긴장해 저절로 부릅떠진 두 눈과 등골을 타고 흘러내리는 식은땀, 출발도 하지 않았는데 이마에서는 땀이 벌써 비 오듯 한다. 이를 악문 채 천천히 핸드 브레이크를 풀어주니 스쿠터가 천천히 앞으로 굴러가기 시작한다.

　　'됐다! 탈 수 있겠어. 역시 하면 된다니까!'

여전히 긴장은 풀리지 않았지만 스쿠터가 달리기 시작하니 점점 자신감이 붙었고, 자꾸 뒤를 돌아보며 나를 살피는 수노의 뒤를 따라 나의 빨간색 스쿠터는 여행자 마을을 벗어나 신나게 달린다. 자전거와는 또 다른 매력이 가득한 스쿠터를 내가 지금 타고 달리고 있다. 호이안의 새벽바람이 얼굴을 스칠 때마다 짜릿한 흥분을 감출 수 없어 소리를 지른다.

　　"꺄아~ 야호!"

20분쯤 달렸을까, 주변에서 여명이 느껴지기 시작하자 마음이 조급해진다. 핸들의 스로틀을 천천히 감으며 달리는 속도를 올려본다. 조금 무섭지만 스릴 넘치는 짜릿한 놀이기구를 타는 멋진 기분이다.

강가에 스쿠터를 세우고
말없이 앵글에 비치는 투본강의 일출을 담는다.
어제와는 다른 새 아침이 시작되는 이 시간.
기대했던 가슴 벅찬 일출은 아니었지만
강물 위로 서서히 떠오르는 해를 감상하며,
새로운 경험을 안겨준
내 아름다운 여행에 감사한다.

호이안
최고의 선물

어설픈 일출을 보고 돌아가는 길.
아침 7시밖에 안 됐는데도 이미 해는 중천이다. 호이안에서 조금 벗어난 시골마을은
누렇게 익은 논마다 추수하는 농부들의 손놀림이 바쁘고, 이른 시간 등교하던 아이들
은 우리를 보고 반갑게 먼저 손을 들어 인사한다. 호이안에서도 천사들을 만난 기쁨
에 더 높이 손을 흔들며 아이들의 등굣길을 함박웃음으로 배웅한다.

논둑길 한쪽에선 추수한 볏단을 우리나라 시골에서는 사라진 지 오래된 수동 탈곡기
로 발판을 열심히 밟아가며 나락을 털고 있다. 처음 보는 것이라면 그냥 쉽게 지나치
지 못하는 성격이라 스쿠터를 세워두고 물끄러미 바라본다. 아주머니 한 분이 나에게
볏단 한 무더기를 건네며 나락을 털어보란다.

　　　'아싸! 어떻게 내 마음을 알았을까?'

덜컹덜컹 돌아가는 기계의 힘에 밀려 본의 아니게 덩실덩실 춤을 추는 나를 바라보
며, 아저씨와 아주머니들은 박장대소를 한다. 생각처럼 되지는 않았지만 재미있는 나
락 털기를 마친 후 아주머니가 건네준 따뜻한 차 한 잔을 고마운 마음으로 받아 벌컥
벌컥 마시고 감사의 인사를 한 후 다시 스쿠터에 오른다.

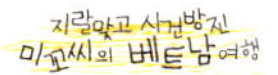

호이안 외곽 시골길에서 만난 정겨운 베트남 사람들, 역시 어느 나라든 도심에서 벗어날 때만이 제대로 사람과 사람으로 만날 수 있는 것 같다.

제법 속도를 내고 달릴 수 있게 된 나는 흥분을 감추지 못하고 호이안 도로를 신나게 달린다. 그러다 초등학교로 보이는 건물을 발견하고 누가 먼저랄 것도 없이 우리는 학교 앞에 스쿠터를 세우고 조심스럽게 안으로 들어가 본다.
교문을 들어서니 아오자이를 곱게 차려입은 선생님들은 갑자기 들이닥친 낯선 우리에게 일단 경계의 눈빛을 보이지만 학교만 잠시 둘러보고 돌아가겠다는 말에 조용히 고개를 끄덕이며 허락해주신다.
마침 쉬는 시간이었는지 운동장에서 뛰놀던 수많은 아이들이 연예인이라도 본 듯 우리를

향해 소리를 지르며 달려오고, 채 몇 분도 지나지 않아 교실에 있던 아이들마저 뛰쳐
나와 순식간에 우리를 둘러싸며 일제히 '헬로우' 라고 외친다.

우리를 바라보며 내미는 손들을 보니 도저히 말로 표현할 수 없는 가슴 벅찬 감동이
밀려온다. 아이들 한 명 한 명의 눈을 마주하며 인사를 나누고 싶었지만, 갑자기 몰려
들어 어수선해져버린 아이들의 안전을 생각하여 아쉽지만 짧은 만남, 짧은 인사를 하
고 돌아서 나와야 했다.

호이안에서 받은
뜻하지 않은 최고의 선물,
아이들의 '헬로우' 인사 소리가
아직도 귓가에 맴돈다.

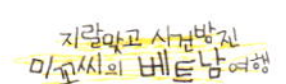

GIỮ GÌN

기타 선율이
울려 퍼지는
끄어다이 해변

갑자기 바다가 보고 싶어서 자전거를 빌려 올드 타운에서 동쪽으로 5Km쯤 떨어진 끄어다이 해변Cua Dai Beach을 향해 신나게 전력 질주한다. 오늘 새벽 4시에 일어나 재미없던 선라이징 미션 투어를 마쳤고, 내일도 새벽 4시에 일어나 스쿠터를 타고 일출을 보러 갈 계획이지만 재충전을 위한 휴식 따위는 우리에게 필요하지 않았나보다. 해변을 향해 달려도 지치기는커녕 체력은 거의 슈퍼맨 수준으로 힘이 솟아난다. 아무래도 둘 중 하나는 쓰러져야 줘야 정신 차리고 쉴 모양 같다.

해가 질 시간은 아니지만 한낮의 더위가 한풀 꺾여 페달을 신나게 밟고 달리면 시원한 바람이 얼굴을 스치며 기분을 들뜨게 만들어 준다.
올드 타운을 벗어나니 강에서 그물을 던져 고기를 잡는 사람과 작은 배를 호수에 띄워 물옥잠을 건지는 사람들의 풍경이 눈에 들어온다. 그들이 그려내는 한 폭의 수채화 같은 풍경에 잠시 가던 길을 멈추고 멍히 바라본다.

40분가량을 달려 도착한 끄어다이 해변에는 많지 않은 사람들이 해수욕을 즐기고 있다. 챙겨온 돗자리에 짐을 풀고 앉자 '해피 아워, 해피 아워'를 외치는 아주머니는 잡다한 물건이 가득 담긴 바구니를 들고 나타나 하나만 사라고 우리에게 조르기 시작한다. 장사 시간 내내 '해피 아워Happy hour'를 외치는 걸 알기에 외면하지만 끈질긴 아주머니는 우리 돗자리 바로 옆에 자리를 잡고 털썩 주저앉아 사고 싶은 물건이 전혀 없는 바구니를 계속 들이민다.

해가 지는 해변에는 기타를 메고 온 수노만의 작은 무대가 펼쳐진다. 해가 뉘엿뉘엿 떨어지는 지금 이 순간과 너무 잘 어울리는 영화 원스Once의 주제곡 'Falling Slowly'를 기타 선율에 맞춰 부른다.

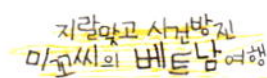

찰싹찰싹 부딪히는 파도소리와 저 멀리 들리는 사람들의 행복한 웃음소리, 노을이 지는 하늘과 잔잔하게 튕기는 기타소리가 완벽하게 어우러져 꾸어다이 해변에 울려 퍼진다. '해피 아워'를 외치던 아주머니도 조용해지는 순간, 뜻하지 않은 로맨틱한 분위기가 펼쳐진다.

숙소로 돌아가는 깜깜한 저녁 길,
행복한 마음이 가득한 콧노래가
절로 흥얼거려진다.

윙크하는 뱃사공 할아버지와 북치는 아이들

남중국해로 흐르는 탁한 투본강 Song Thu Bon에는 늘 멋진 윙크를 하시는 뱃사공 할아버지가 계신다. 사고로 다치신 건지 원래부터 그러신 건지는 모르지만 왼쪽 눈이 덮인 채 한 쪽 눈으로 바라보는 세상이 즐거우신지 아이보다도 더 해맑은 미소를 지으며, 우리를 향해 손짓하시는 뱃사공 할아버지.
멋지게 기르신 하얀 수염, 삶이 그대로 배어 있는 깊은 주름 그리고 몇 개 안 남은 치아를 아무렇지도 않게 들어내시며 크게 웃는 모습을 보자니 사람은 분명 보이는 모습이 다가 아니다. 저렇게 멋진 미소를 지으시는 걸 보면 분명 행복한 삶을 살아오신 분이 틀림없다.

투본강 투어를 하라며 손짓하는 할아버지에게 할아버지의 낡은 배를 타는 대신 사진 모델을 부탁드리며 적은 돈을 드렸다. 불쾌해하지 않으실까 걱정했지만 할아버지는 흔쾌히 허락하시고는 세상에서 가장 인자한 할아버지만의 멋진 미소로 포즈를 취해주신다. 나는 최고의 모델을 만났지만 뷰파인더로 바라보는 할아버지의 환하게 웃으시는 모습에 괜스레 마음이 찡해져 얼마 찍지 못하고 할아버지에게 감사의 인사를 건네고 돌아선다.

수노가 떠난 후에도 홀로 다시 찾은 투본강에는 여전히 낡은 배에 앉아 손님을 하염없이 기다리며, 지나가는 사람들을 향해 손짓하는 할아버지가 계셨다. 나를 알아본 할아버지는 반가워하시며 멋진 윙크와 멋진 미소로 인사를 건네신다. 많지 않은 돈을 드리며 양해를 구하고 다시 한 번 카메라 셔터를 누르려 했지만 겨우 두 번 누르다 카메라를 내린다.

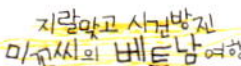

카메라를 치우고 할아버지에게 허리 숙여 당신을 만난 것에, 당신의 멋진 미소를 볼
수 있었다는 것에 감사의 인사를 한다. 여전히 할아버지는 윙크를 하시고 멋진 하얀
수염을 강바람에 휘날리며 나에게 마지막 미소를 보내주신다.
할아버지 여생이 행복하길 진심으로 바라는 마음에 나도 활짝 웃으며 작별의 손을 흔
든다.

'안녕, 나의 최고 모델이 되어주신 할아버지'

지랄맞고 사건방진
미고씨의 베트남여행

‘두둥~ 두둥~’

강가 산책을 하는 중에 내 귀에 북소리가 들린다.

힘찬 북소리를 따라 걸음을 옮기니 강 근처 작은 정자에서 커다란 빨간 북 하나를 두고 10여 명의 아이들이 옹기종기 모여 북을 치고 있다. 북을 치는 아이는 구슬땀이 뺨을 타고 흐를 정도로 진중하고 힘차게 연주에 열중하는 모습이다. 진지한 아이의 얼굴에는 아이가 아닌 프로다운 어른의 모습이 보인다. 작은 아이 손에 들린 북채의 손놀림마저 남다르다.

넋을 잃고 바라보게 만드는 아이의 연주는 감탄을 자아낸다. 수노가 호기심에 북채를 건네받아 북을 쳐보지만 듣기 민망한 북소리만 나는 바람에 아이들이 한바탕 웃는다. 다시 북채를 받은 아이는 작은 체구쯤은 문제가 안 되는지 힘찬 북 연주를 다시 선보인다.

아이가 두드리는 북 소리는
투본강을 따라 깊고 넓게 울려 퍼진다.
‘두둥~ 두둥~’

혼날 줄 알았어!

나 홀로 그 동안 둘러보지 못한 호이안 골목골목을 산책한다. 사람들이 많이 다니는 중심부 도로는 일찌감치 피해 좁은 골목골목을 누비며 한가로운 호이안을 만끽한다.

조용한 좁은 골목을 들어서자 우렁찬 아이들의 목소리가 들려온다.

        '이런 좁은 골목에도 학교가 있나?'

목소리를 따라 들어간 골목 안에는 무서운 회초리를 드신 할아버지를 따라 공부하는 아이들의 작은 공부방이 있었다. 20여 명의 아이들이 다닥다닥 붙어 앉아 책을 읽고 있는 모습에 절로 미소가 지어진다. 나도 모르게 철장 앞에 멈춰 서서 아이들을 바라보며 그들의 목소리를 따라 소리내본다.

학교든 공부방이든 늘 딴 짓하는 아이들은 있는 법이다. 몇 명의 아이들은 수업 내내 할아버지를 피해 서로 장난을 치거나 나와 눈이 마주치며 '씨익~' 하고 미소를 짓는다. 어서 공부에 집중하라는 손짓과 몸짓을 하자 그만 웃음이 터진 아이들은 무서운 할아버지의 회초리를 피할 수 없는 상황이 되었다.

        '미안해, 그러니까 딴 짓하지 말고 공부하라니까.'

다시 합창하듯 또박또박 글을 읽는
아이들 소리를 뒤로 하며
내 어린 시절을 추억해본다.
'딴 짓의 대마왕 미꼬씨'

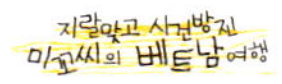

호이안의
골목골목

짙은 하늘색 목조 창문과 대문, 역사의 향기가 묻어나는 파스텔 톤 노란색의 단층 건물들은 외국인 여행객들을 노리는 상점과 레스토랑으로 가득하다. 호이안의 올드 타운은 처음에는 별로 좋은 이미지가 아니었지만 상업적인 이 거리를 좋아할 수밖에 없는 몇 가지 이유가 생겼다.

오토바이는 다닐 수 없는 거리, 그래서 자전거로 달리는 재미가 있는 한적한 거리.
영화 '7년만의 외출'에서 마릴린 먼로가 입었던 드레스, 그 드레스를 입은 마네킹이 즐비한 거리.
장애가 있거나 혼자 살아가는 베트남 여성들이 직접 수공예로 만든 작품들을 판매하는 라이프 스타트 Life Start를 만날 수 있는 거리.
전봇대 위에 달린 스피커에서 울려 퍼지는 음악소리.
수많은 갤러리가 이색적인 예술의 거리에는 베트남의 이름 모를 화가들이 베껴냈을 유명한 작품들을 감상하는 쏠쏠한 재미.
다리에 앉아 손가락 마디보다 작은 물고기를 낚시하는 사람들을 바라보는 재미.
중국 색이 많이 나면서도 일본, 베트남 장식이 더해져 새로운 모습의 마을을 그려낸 곳.
만나는 재미보다는 보는 재미가 가득한 곳.

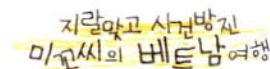

호이안의 골목골목은 이렇게
재미로 가득하다.

도심에 한강 Song Han이 흐르는
베트남 중부의 최대 상업도시 다낭.
차이나해변에는 외국 자본으로 들어서는
고급 리조트들이 한창 공사 중이지만
아직까지는 여행자들이 찾을 만한 매력이 많지는 않은
도시 다낭.

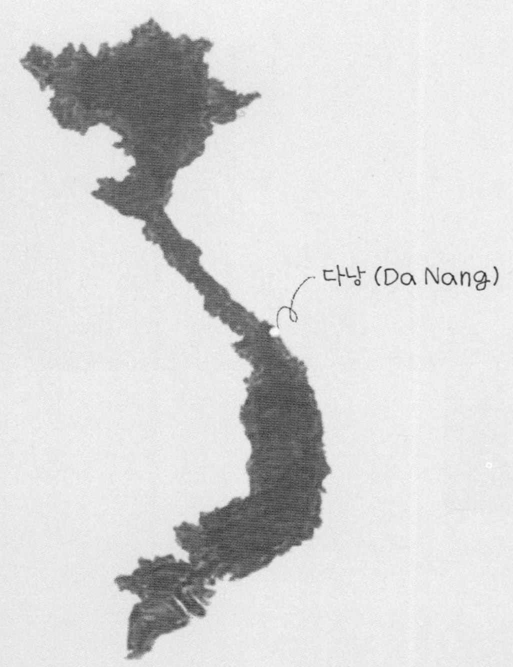

가짜 택시

다낭에 도착한 버스에서 내리자마자 미리 알아본 호텔로 가기 위해 택시를 탔다. 어느 회사 택시인지도 제대로 보지 않고 덥석 탄 것이 문제였다. 미터기가 조작된 가짜 택시가 많은 베트남에서 진짜 택시인지 아닌지 꼭 확인하고 탔어야 했는데, 급하게 탄 택시가 바로 문제의 가짜 택시였다.

기본요금이면 충분한 가까운 거리에 위치한 호텔인데도 미터기의 숫자는 미친 듯이 올라가고, 영어를 못하는 기사 아저씨는 나의 항의에 그저 난감한 표정의 미소만 짓는다. 강변도로에 위치한 투어안 호텔은 오래됐지만, 저렴하고 전망이 좋다고 알려져서 비싼 요금의 가짜 택시까지 타고 왔는데, 막상 들어서니까 터무니없이 비싼 숙박요금을 제시해서 내 기분을 언짢게 만들었다.

가짜 택시 기사는 내가 다시 나올 것을 미리 예견이라도 했는지 호텔 앞에서 택시 문까지 열어둔 채 기다리고 있었다. 호텔 직원은 흥정도 없이 돌아선 나를 바쁘게 따라나와 가격을 깎아주겠다고 붙잡지만 이미 상해 버린 기분은 아무리 저렴한 숙박 요금을 제시한다 해도 이 호텔에 묵을 마음이 생기지 않는다. 급한 마음에 영어도 못하는 택시 기사 아저씨를 붙잡고, 저렴하고 괜찮은 호텔로 안내해달라고 부탁한다.

　　　“오케이~”

정말 제대로 알아들은 건지 무조건 오케이를 외치는 아저씨를 믿은 내가 바보였다. 베트남에 와서 10달러 이상의 호텔에서는 자 본적이 없는 나를 1박에 13달러짜리 호텔에 내려준 택시 기사는 혼자서 흐뭇한 표정을 짓고, 바가지 택시 요금을 받고선 유유히 떠나갔다.

베트남 여행 중 가장 최악의 도시 다낭 여행은
여기서부터 시작되었다.

Thirteen?
No,
thirty!

가짜 택시 아저씨가 데려다준 다이아호텔 Daia Hotel 은 그 동안 머물렀던 숙소와는 차원이 다른 트윈 룸이 있었다. 그걸 보는 순간 내 눈은 멀고, 판단력도 같이 흐려진다. 그동안 누적된 여행의 피곤함을 풀어줄 커다란 욕조, 제대로 시원한 바람이 나오는 에어컨, 나름 고급스러워 보이는 화장대, 대형 화면의 LCD TV, 미니바, 그리고 꺼지지 않는 매트리스 침대까지, 10달러 이상의 방에서는 묵어본 적이 없던 내게는 그야말로 눈이 뒤집힐 정도로 환상적인 방이었다.

　　　'1박에 13(Thirteen)달러라……'

5일 정도 머물 생각이었고, 책정했던 금액보다 비쌌기에 재빨리 머릿속으로 계산기를 두들겨본다.

　　　'이 정도 수준의 방이 고작 13달러밖에 안한다며 행운인거야.'

머릿속에서는 벌써 스스로 이곳에 머물 핑계를 부지런히 찾고 있다.

13의 Thirteen과 30의 Thirty의 발음이 잘 분간되지 않아서 가격이 13달러일 때 늘 손가락으로 재확인에 확인을 했었다. 그런데 왜 여기서는 그러지 못했을까?
호텔의 모습만 보고 너무 당연하게 30달러는 안될 거라고 확신을 한 탓이었으리라. 아니 1박에 30달러 호텔에서 조식 제공이 없다는 건 말이 안 된다고 생각했고, 30달러나 지불하면서 머물기에는 그렇게 고급스럽지 못한 호텔이었기 절대로 30달러가 아닌 13달러라고 굳게굳게 믿었다. 사실 13달러이기에는 터무니없이 싼 가격이었지만 30달러라 하기에는 너무 비싼 그런 방이었다.

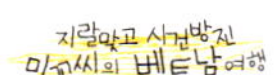

하지만 나의 굳은 믿음은 호텔을 체크아웃하던 다낭의 마지막 날 무너져버렸다.

“4박, 120달러입니다”
“……. 네? 뭐? 120달러? 무슨 소리……, 오~ 마이~ 갓”

120달러란 소리에 순간 식은땀이 주르륵 흐른다.

‘설마, 말도 안 돼.’

13달러로 해서 4박에 52달러도 내게는 사실 조금 벅찼었는데, 지금 2배에 가까운 가격을 부르니 잠시 내 정신이 외출한 듯 멍해진다. 조식도 포함되지 않은 방이 무슨 30달러냐고 아무리 항의해보아도, 세 명의 직원은 꿈쩍도 하지 않고 120달러의 숙박료를 내기만 기다린다. 옷 안쪽 복대에서 눈물을 머금고 120달러를 꺼내 후들거리는 손으로 벌벌 떨며 숙박료를 지불하는 내 머릿속은 온통 하얀 백지상태가 되어버린다.

‘피 같은 내 돈 120달러…….’

가짜 택시를 타는 게 아니었다. 투어안 호텔의 직원이 요금을 깎아준다고 할 때 다시 한 번 생각해봤어야 했다.
환상적인 방이 13달러라고 할 때 다시 확인을 했어야 했다.
그랬다. 가격을 재차 확인했어야 했다.

예상치 못한 지출에 이제 한순간 나는 가난한 여행자가 되어버렸다.

　　"좀, 빨리 빨리해"

엄마는 늘 '빨리 빨리' 라는 말을 입에 달고, 내가 하는 모든 일을 빨리 빨리 해결하길
바라셨지만, 그러기에 딸내미는 너무도 느려터진 느림보였다. 굼벵이 같은 딸은 엄마
에게는 속 터지는 존재였고, 반대로 딸내미 눈에 비친 엄마는 늘 빨리 빨리를 외치는
조급증 증세가 심한 잔소리꾼으로만 보였다.
빨리 빨리를 외치는 토끼 같은 엄마와 거북이처럼 느릿느릿한 딸은 세월이 흐를수록
서로를 이해하지도 합의점도 찾지 못하고 골만 깊어간다.

엄마의 눈에만 느려 보이는(어디 가서 다른 사람에게 느리다는 말을 들어본 적이 없음
으로) 나는 지금까지 살아오면서 약속한 시간을 어긴 적이 거의 없다. 그저 어쩌면 조
금 다른 사람들보다 여유롭게 일을 진행할 뿐이지 결코 스스로 동작이 굼뜨다고 생각
해본 적이 없다.
빨리 빨리 일을 처리하는 것과 더디지만 꼼꼼하게 일을 처리하는 것 중 어느 것이 더
낫다고 할 수는 없다. 그저 상대방에게 자신의 방식을 강요하지 않으면 될 뿐이다.

느리다는 엄마의 핀잔에 성질을 내던 내가 여기서는 베트남 사람들의 느려터진 느긋
함에 빨리 빨리를 외치며 성질을 부린다. 엄마의 빨리 빨리 소리가 그렇게도 듣기 싫
었으면서 베트남에서 이러는 내가 한편으론 우습다.

내가 베트남 사람들에게 화내는 이유는 그들이 느리기 때문이라기보다는 약속한 시
간을 잘 지키지 않기 때문이라고 표현해야 더 맞을 것이다.
베트남 사람들의 여유는 게으름에 가깝다. 게을러서 늦고, 게을러서 약속을 안 지키
는 베트남 사람들. 장사꾼들은 사기 치는 것에는 게으르지 않지만 상대방의 불편함에

는 스스로 관대해지는 사람들이다. 하지만 이들의 국민성을 이해하려 노력하지 않고 그저 화부터 내면서 짜증을 부리고, 무조건 베트남 사람들은 이상한 사람이라 생각해 버릴 수 있다.

사기를 치면 내가 멍청해서 당한 것이고, 약속을 안 지킨다면 약속을 안 하면 되는 것이고, 더디게 일을 처리한다면 꼼꼼하고 정확하게 처리하는 것이라 생각하면 되는 것을 그저 나는 싸울 자세를 갖추고 그들에게 열을 토하며 화를 냈다.

수많은 베트남 사람들과 수없이 다투면서 생활한 지
한 달이 지나면서야 서로 웃으며 지내는 방법을 하나씩 알게 됐고,
빨리 빨리와 느림의 중간은 세상 어디에도 없고,
그저 서로를 이해해주는 수밖에 없다는 걸 깨닫는다.

제기랄...

베트남 어디를 가도 발에 채이던 그 많던 외국 관광객들이 다낭에서는 모두 사라졌다.
꼭꼭 숨은 건가?
아예 없는 건가?
아니면 정말 모두 사라진 걸까?

저녁 8시만 되도 베트남의 다른 도시보다 다낭은 더 일찍 한산해진다. 구경거리도 맛
있는 음식점도 값싼 쇼핑거리도 찾아볼 수 없는 곳이라 뜻하지 않은 휴식 시간을 갖게
되었지만, 아무것도 할 것 없는 다낭은 내게는 참 매력 없는 곳이다.

그래도 베트남에서 세 번째로 큰 도시인 다낭을 건너뛸 수 없기에 바구니 자전거를 빌
린다. 강변 산책로와 차이나해변China Beach 으로 가는 길을 제외하고는 대도시답게 복
잡한 다낭의 도로를 달릴 때는 초긴장을 해서 그런지는 몰라도 입에서 쉴 새 없이 욕
이 절로 나온다.

　　　'Oh, Shit! Shit! Shit!'

다낭에서는 거의 볼 수 없는 외국 관광객, 그것도 양 갈래 머리에 두건까지 쓴 작은 체
구의 외지인이 씩씩거리며 자전거를 타고 달리는 모습이 다낭 사람들에게는 보기 드
문 구경거리였나 보다.
거리를 걷는 사람, 오토바이를 타고 내 옆을 지나는 사람, 길거리에서 장사하는 사람,
자전거를 타고 가는 사람…….
모두들 다낭의 골목을 누비는 나를 한 번씩 고개를 돌려 쳐다본다. 한적했던 다른 도
시에 비해 너무나도 복잡한 다낭의 골목에서는 눈이 마주치는 사람과도 눈인사를 할

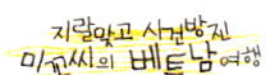

여유가 없다. 앞에 가는 자전거만 보고 무조건 따라가야 하는 초긴장 상태를 유지하
기 위해선 도도한 사람이 될 수밖에 없다.

이해가 불가능한 신호체계, 북적거리는 도로, 바람 한 줌 불지 않는 숨이 턱턱 막히는
날씨, 휘파람을 불어대며 음흉한 눈빛을 보내는 베트남 청년들.

두 시간 동안 자전거를 타면서
내가 한 말이라고는 'Shit!' 뿐이다.

차이나해변

대형 고급 리조트가 새로 들어서려고 대대적인 공사가 한창 진행 중인 이곳은 미국 드라마 제목이었던 〈차이나해변〉을 그대로 지명으로 사용한다. 다리를 건너 10분 정도 자전거를 타고 왔지만 이곳 역시 사람이 없어 한산하다.
살이 한 순간에 익어버리는 따가운 햇살 아래 반짝이는 에메랄드빛 바다가 눈앞에 펼쳐져 있다.

잔득 인상을 찌푸리게 만드는 눈부신 햇살.
친구를 모래로 덮고 장난치는 중국 청년들.
낮게 파도를 가르며 바다 위를 날고 있는 갈매기.
색색가지 조개껍데기가 제멋대로 뒹굴고 있는 모래사장.
힘차게 밀려왔다, 순식간에 도망치는 파도.
커다란 대나무로 만든 바구니 배 까이뭄 Chai Mum 이 흩어져 널려있는 모습이 마치 이곳의 일부인 것처럼 아름답게 보이는 그림 같은 곳.

장난치던 중국 청년들마저 가버린
차이나해변에는 나와 바다만 남아
서로에게 다가가지 못하고
그저 바라만 보고 있다.

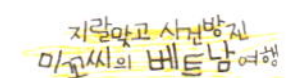

또,
길을 잃다

햇살의 기세가 한풀 꺾인 늦은 오후 다시 자전거 페달을 밟으며 골목을 누빈다. 때마침 아이들 하교 시간이라 도로는 온통 자전거를 탄 여학생들의 하얀색 아오자이가 물결을 이루고, 내 자전거는 다낭 안쪽으로, 안쪽으로 자꾸만 깊숙이 빨려 들어간다.
베트남에서 수차례 길을 잃었던 경험 때문에 자전거를 타고서도 지나온 길을 몇 번이 나 뒤돌아 확인하면서 달린다. 그러다 맛있는 음식 냄새가 솔솔 풍기는 현지인 식당 에서 그만 정신을 놓고 말았다.

식당 아주머니는 마치 외국인이 처음 찾아온 것처럼 신기한 듯 나를 쳐다보더니 국수 한 그릇을 테이블에 놓고, 하던 일을 멈추고 아예 내 옆자리에 털썩 앉아 뚫어져라 쳐 다본다. 뭐 쳐다보든 말든 아랑곳하지 않고 후루룩 소리까지 내가며 맛있게 국수를 먹으면서 가끔씩 아주머니와 눈이 마주치면 한 번 씨익 웃어 보인다.
햇볕도 없는 저녁 시간인데도 비 오듯 내 뺨으로 땀이 흘러내린다. 말없이 손을 내밀 어 내 뺨의 땀을 닦아주시는 아주머니의 따스한 손길에 발그레 얼굴을 붉히고 더 크게 씨익 웃어 보인다.
국수 한 그릇을 깨끗이 비우고 맛있게 잘 먹었다고 가볍게 배를 두들기자 시원스레 웃 으시며 아주머니는 지나가는 사람에게 나를 손가락으로 가리키며 재미있는 아이라고 말하는 듯싶다.

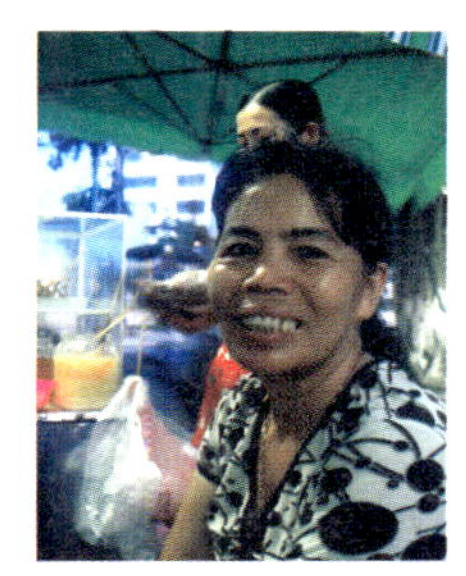

배가 부르자 기분까지 좋아져서 더욱 힘차게 페달을 밟으며 다시 다낭 골목을 달린다. 어느새 골목은 어둑해지기 시작하는가 싶더니 한순간 어둠으로 바뀐다. 호텔로 다시 돌아가고자 했지만 왔던 길을 기억해내지 못해 계속 같은 자리만 벌써 30분째 헤매자 덜컥 겁이 나기 시작한다.

'침착하자, 침착하자.'

하늘조차 심상치 않게 변하더니 갑자기 번쩍 번개가 치고, '우르르 쾅쾅' 어둠을 뒤흔드는 천둥소리에 심장이 가쁘게 뛴다. 바람마저 거세지고 심하게 흔들리던 나뭇가지에서 나뭇잎이 우수수 떨어진다.
어딘지도 모르는 길에서 무작정 달리자니 마음은 조급해지고 점점 겁이 나기 시작한다. 반대편에서 달려오는 자동차와 오토바이의 헤드라이트를 가로등 삼아 조심스레 계속 달린다. 그러다 도로 한복판에 덩그러니 자리한 공장을 발견하고 무작정 경비실 아저씨에게 지도를 내밀면서 숙소가 있는 거리를 손가락으로 가리킨다.
여기서 또 헤매면 정말 큰일이라고 생각하면서 아저씨가 일러준 방향대로 달리다보니 눈에 익숙한 풍경이 보인다. 그제야 안도의 숨을 내쉬고 '야흐!' 소리를 지르며 페달에 속력을 가해 호텔로 돌아온다.

내 방에 들어서자마자 달리는 내내 번쩍 번쩍거려
마음을 급ᄒᆞ게 했던 하늘에서
시원하게 빗줄기를 퍼붓기 시작한다.

쉼표,
그리고 사랑 하나

다른 도시에 비해 유독 강렬히 내리쬐던 햇살덕분에 향기 좋은 침
대에 누워 해가 살짝 기울기만을 기다리며 멍히 창밖 풍경을 바라
보는 시간이 많아졌다. 눈부신 햇빛에 살짝 인상을 찡그리고 눈을
감으니, 머릿속 깊이 숨겨둔 지난 사랑이 문득 떠오른다.

기억을, 추억을 모두 멈추고 지워버리려 했던,
삶을 맥없이 놓아 버리고 싶을 만큼 지독히도 아렸던 이별.
사랑의 배신은 가슴에 멍을 만들고,
소리 없이 울부짖으며 하얗게 밤을 지새우던
미련하고 바보 같았던,
어리석은 내 모습도 떠오른다.

사는 게 사는 게 아닌 채로 몇 해를 살았고,
억지로 지우려 애쓰며 또 다시 몇 해를 살았다.
겨우 지난 사랑이 잊힌 지 몇 해가 흘러
이젠 잊었다고 생.각.했.다.

그런데…… 왜?

9월 다낭의 널찍하고 폭신한 침대에 잠시 쉬자고 누웠을 뿐인데,
내 기억 세포가 잘못 작동한 것임에 틀림없다. 그 사람이 그립다

거나 마음이 애잔하기에는 너무 많은 세월이 흘렀고 너무 많은 고통의 시간을 보냈지만, 아직도 사랑을 믿기나 하는 건지 겉으로만 강해진 내 여린 가슴을 후벼 파 두 눈에 눈물을 맺히게 한다.

잠깐 쉬려고 누운 머릿속에 스파크를 일으키며 문득 떠오른 사랑은 가슴을 이내 차갑게 만든다. 이제는 나에게 세상 그 무엇보다 어려운 일이 되어버린 것.

너무 무료했던 것이다.
내일은 당장 다낭을 벗어나야겠다. 서둘러서 짐을 챙긴다.

1862년 프랑스인에게 점령당하기 전에는
베트남 왕국에 속해 있었고 월남전 당시
한국의 백마부대 주둔지로
우리나라에는 나트랑이라고 알려졌던 항구 도시.
베트남 남부와 중부지방이 교차하는 지점에 위치하고 있고,
해변을 따라 크고 작은 호텔들이 들어서 있는
베트남의 대표적인 해변 휴양 도시 냐짱.

중매쟁이 라 아줌마

훼에서 출발하여 지루하게 16시간을 달려온 슬리핑 버스는 이른 아침 냐짱의 여행자 거리 한복판에 도착한다.

자다 깨다를 반복하여 제대로 잠도 못 잔 몰골로 부스스 일어나 버스에서 내리니 눈부신 아침 햇살에 눈도 제대로 뜰 수 없어 발걸음이 떼어지지 않는다.

여기가 어딘지, 어디로 가야할지 방향도 못 잡고 잠깐 멍히 서 있다가 살짝 고개를 돌려보니 달달한 두유 라를 파는 아주머니가 눈에 들어온다. 정신도 못 차린 체 실눈을 살짝 뜨고 아주머니에게 다가가 설탕이 잔뜩 들어간 라 한 잔을 주문하고, 이곳에 머물만한 숙소를 물어보니 뜻하지 않게 유창한 영어로 답을 해주신다.

"7달러부터 시작해서 골목골목을 살펴보면 꽤 괜찮은 숙소도 구할 수 있을 거야."

목욕탕 의자에 털썩 주저앉아 라 한 잔을 벌컥벌컥 단숨에 들이켠 후 다시 한 잔을 더 주문한다.

커다란 두 개의 배낭을 보고 있자니 긴 한숨부터 절로 나온다. 적당한 가격에 마음에 드는 숙소를 구하는 것이 이제는 정말 하기 싫은 일이 되어버렸다. 그렇다고 대충 호객꾼에 이끌려 아무 호텔이나 들어갈 수는 없다. 지금까지 여행하면서 매번 호객꾼에게 번번이 당하는 나도 참…… 바보가 따로 없다.

순식간에 라 두 잔을 벌컥벌컥 들이키는 나를 쳐다보시던 아주머니는 이것저것 묻기 시작한다.

'어디서 왔니? 나이는 어떻게 되니? 결혼은 했니? 그럼 남자 친구는 있니?'
'한국에서 왔어요, 나이는 조금 많아요, 결혼 안했어요, 아쉽게도 남자친구는 없어요.'

남자친구가 없다는 내 대답에 아주머니는 얼굴에 화색을 띠며 급기야 자신의 아들과 중매를 주선하려고 한다.

　　"하하하, 아들 잘 생겼어요?"
　　"물론이지."

뭐 한국에서도 그러지만 자기 자식 못생겼다고 하는 엄마가 세상에 있을까?

　　"그래요? 하하. 내일도 아줌마를 다시 만나면 꼭 한 번 아들을 만나볼게요."

새벽 장사를 하는 아주머니는 이른 아침 장사를 마감하기 때문에 새벽에 일어나 이곳을 일부러 찾아오지 않는 이상 다시 만날 일은 없다. 그리고 새벽에 일어나기에는 이미 나는 너무도 게으른 여행자가 되어버렸고 아직까지는 낯선 나라, 낯선 곳에서 만난 낯선 아주머니의 아들을 만나고 싶은 마음도 없다.

베트남을 출발하기 전 혼기를 훌쩍 넘겨버린 다 큰 딸내미가 걱정스러워 하신 엄마의 당부 말이 떠오른다.

　　"괜찮은 베트남 총각 있으면 물어와."

게으른 여행자로 변해버린 딸내미는
본의 아니게 엄마의 말을 무시하게 되어버렸다.
'미안해, 엄마~'

공포의 호텔

세옴 아저씨가 '호텔? 호텔?' 외치며 내 걸음 속도에 맞춰 옆으로 다가온다. 여기서는 혼자 힘으로 꼭 호텔을 찾아보려 굳게 마음먹었지만 '굿 호텔, 굿 호텔' 하며 끈질기게 따라 붙는 세옴 아저씨에게 또 손을 들고 만다.
새벽 같은 아침에 결국 아저씨 오토바이를 타고 10여 군데의 호텔을 돌아다녀 봤지만 하나 같이 맘에 들지 않는다. 웬만하면 '오케이'라고 했을 텐데 냐짱에서는 나도 모르게 녹녹치 않은 까다로운 여자로 변해 있었다.

끈질기게 쫓아와서 겨우 한 건 했다 싶었지만, 점점 시간이 지날수록 뭔가 잘못 걸린 거 같다는 느낌을 받았는지 결국 아저씨는 짜증이 묻어나는 목소리로 도대체 원하는 호텔이 어떤 거냐고 묻는다.

> "음……. 그러니까, 바다가 보이는 발코니가 있었으면 좋겠고, 햇살이 아주 잘 들었으면 좋겠고, 깨끗했으면 좋겠고, 조용했으면 좋겠고, 그리고……. 욕조도 있었으면 좋겠고, 가격은 아주 저렴했으면 좋겠어."

아저씨는 기도 안차다는 듯 어이없는 표정으로 내게 묻는다.

> "그럼 네가 원하는 곳이 혹시 고급 호텔이야?"
> "오~ 아니야, 절대 절대 아니야, 나는 어디까지나 가난한 배낭 여행자라고."

어처구니없고 기막히다는 얼굴의 아저씨는 어서 나를 떼버리고 싶어 하는 모습이 역력하다. 하지만 지금까지 허비한 시간이 아까운지 이번이 정말 마지각 호텔이라며 여행자 거리에서 한참 벗어난 해변도로 근처의 호텔로 나를 데려다준다.

해안 도로변에 위치한 호텔은 바다를 한눈에 내려다 볼 수 있는 작은 발코니가 있었지만 조식도 포함되지 않으면서 단지 바다가 보이는 씨뷰 ^{Sea View}라는 이유만으로 호텔 아저씨는 17달러를 부른다.

만만치 않은 가격 탓에 그냥 다시 나갈까도 생각했지만 이미 지쳐버린 몸이 눌러앉고 싶다고 걸음을 떼지 못하게 한다. 이 호텔에 머물기로 결정하자 가장 좋아한 사람은 내게서 해방된 세옴 아저씨다. 아저씨는 혹시 내가 따라 나와 다른 호텔로 가자고 할까봐 부릉부릉 급하게 오토바이를 몰고 도망치듯 사라져버린다.

고작 하룻밤을 묵은 이 호텔은 바다가 보이는 씨뷰라는 것 말고는 모든 것이 최악이었다. 흐린 날씨 탓으로 제대로 발코니에 서서 바다도 바라보지 못했고, 수십 마리의 개미가 나보다 먼저 방바닥, 침대, 발코니를 점령하고 있었다. 더구나 바로 옆 객실 남자는 자꾸 신경 쓰이게 웃통을 벗고 발코니를 어슬렁거렸고, 결정적으로 여행자 거리에서 너무 멀리 떨어져 있어 모든 것이 불편했다.
사실 이곳은 외국 여행자가 아닌 베트남 현지 관광객을 상대로 운영하는 호텔로 엄청난 바가지요금을 씌웠지만 아저씨에게 항의할 힘조차 남아있지 않았다. 그래도 괜찮다. 내일 아침이면 여기보다 백 배 아니 만 배는 좋은 호텔로 꼭 옮겨 갈 테니까.

온 몸이 개미로 뒤덮이는 악몽에 시달리다가 깜짝 놀라 눈을 뜬다. 잠결에 발코니 쪽을 쳐다보니 옆방 아저씨가 내 방 발코니에 서서 나를 보고 있는 것 같은 실루엣 공포가 밀려든다. 결국 한숨도 자지 못한 체 날이 밝기만을 뜬눈으로 기다리다 새벽 6시가 되자마자 미리 챙겨 놓은 짐을 들고 최악의 호텔에서 서둘러 탈출한다.

'휴~ 브라보!'

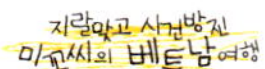

냐짱 해변

베트남 최대의 해변 휴양지 냐짱.
서양인들의 입맛에 맞춰진 인공미 짙은 해변.
하루에 두 차례는 꼬박꼬박 비가 내리는 냐짱.

대나무 강이란 뜻의 야크람^{Yakram}에서 유래된 이름의 냐짱이 휴양지르 발전된 것은 프랑스 식민 시절 휴양지로 개발되면서부터이고, 현재는 바다를 배경으로 살아가는 베트남 어민들과 휴양을 즐기는 외국인들의 상반된 모습이 부조화의 조화를 이루는 곳이다.
훌렁훌렁 벗고 아무렇지 않게 해변을 누비는 서양 여행자들. 이들 대부분은 바다에서 수영을 즐기기보다는 파라솔 그늘 아래 비치베드에 누워 선탠을 즐긴다. 때로는 살을 잘 태우려고 온몸에 오일을 잔뜩 바른 후 뜨거운 햇볕 아래 벌러덩 누워 벌겋게 살을 지글지글 태우기도 한다.
반면 긴팔 옷에 챙이 넓은 모자나 농라를 쓰고, 마스크에 톨장갑까지 착용한 채 눈을 제외한 몸의 대부분을 가리고 햇볕에 나앉은 베트남 여성들. 십대까지는 깜찍하고 예쁘지만 20대 중반이 지나면 급속도로 늙어버리는 가장 큰 이유가 바로 자외선에 그대로 노출되기 때문이라 한다. 그래서 이들은 햇볕에 노출되는 것을 무조건적으로 피하며 더 이상 피부가 까맣게 타지 않기를 바라지만 삶은 그들에게 그런 여유마저 허락하지 않는다.

일부러 햇볕에 드러누워 죽어라 살을 태워도 희멀건 피부의 서양 여자와 햇볕을 피해 온몸을 휘감고 다녀도 시꺼먼 베트남 여자 중 누가 더 가여운 걸까?

휴양지인 냐짱에서 주말 밤을 보내려면 여기저기 클럽 파티에서 그들과 어울려 밤을 지새우거나 숙소 침대에서 귀를 틀어막고 잠을 청해야 한다. 밤 문화에 대해 호의적 이지 않고 시끄러운 것을 질색하는 나는 이곳이 그나마 좋았던 이유는 2만 동이면 파라솔 아래 하루 종일 누워있을 수 있는 비치베드와 자전거를 타고 즐기는 냐짱 해변이 있었기 때문이다.

바닷바람의 시원함과
파도소리의 아늑함 속에
무심히 흐르는 시간은
세상 그 무엇도 용서가 안 될 것이 없는
넓은 마음을 갖게 한다.

감정곡선

베트남 여행의 감정곡선이 훼에서 정점을 찍고 난 후 냐짱에서부터 서서히 하향 곡선을 그리더니 머무는 내내 완만한 수평 상태를 유지하는 듯하다. 한 마디로 좋지도 나쁘지도 않은, 어쩌면 이제는 익숙해져버린 베트남 여행을 편안한 감성으로 하루하루를 냐짱에서 흘리듯 보내고 있다.

　　'뭐, 그래도 나쁘지는 않다.'

맛대가리라곤 눈곱만큼도 없는 호텔 조식을 대충 먹고, 바구니 자전거를 빌려 동네를 한 바퀴 돌면서 라 한 잔과 늑음미아 한 잔을 마신 후 결코 싸지 않은 마트에서 간식거리와 음료수를 사들고 해변으로 달려가 비치베드에 자리 잡고 누워 오후 한나절을 즐기는 일상이 반복된다.
파도 소리를 음악 삼고, 하늘에 두둥실 떠 있는 구름을 그림책 대신으로 보면서 살랑살랑 귓가를 간질이는 바람에 여행에 지친 몸과 마음을 내려놓는 평화로운 시간이 흐른다. 말 그대로 소리 없이 시간이 조용히 흐.른.다.

냐짱에서 감성의 기복이 완만하게 수평 상태를 유지하자 그냥 사치를 한 번 부려보고 싶어졌다. 쉼표 하나 찍어도 될 시점이 온 것이다. 지금까지 머물렀던 호텔보다 조금 더 비싼 호텔에서 머물고, 조금 비싼 음식을 먹고, 조금 더 한가로이 시간을 보내는 것으로 내 몸과 마음에게 커다란 쉼표 하나를 냐짱에서 콕 찍어본다.

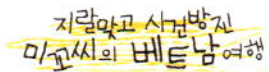

외톨이야

사람을 만나지 못한 탓이리라.
이렇게 조용히 보내는 건 분명 사람을 만나지 못해서이다.
다낭에서 다시 훼 그리고 냐짱으로 온 후 한국말을 한 마디도 하지 못하고 지내고 있다.
입이 한국말을 하지 않으니 엉뚱하게도 머리가 되지도 않는 영어로 생각을 정리하려고 한다.

　　'외.롭.다.'

지금까지 베트남 여행을 하면서 늘 한 명 이상의 우리나라 사람들과 만났었는데 이곳 냐짱에서만큼은 통 만나지질 않는다. 간혹 보이는 동양인 여행자들은 홀로 즐기는 일본 사람 아니면 무리지어 다니는 중국 사람들뿐이다.

　　'이들도 외로워야 나랑 놀아줄 텐데⋯⋯.'

나에게 말을 걸어오는 사람은 원숭이 섬에 가자는 세옴 아저씨들과 선글라스, 책, 과일 등을 파는 베트남 장사꾼들뿐이다.

마마한 투어를 신청하고 그때 입을 수영복과 원피스를 사기 위해 눈여겨봤던 호텔 옆 옷가게를 찾아가 가게 언니에게 막무가내로 한국말로 대화를 걸어본다.

　　"언니, 안녕!"
　　"언니, 이거 사이즈가 작은데 큰 사이즈 없어?"
　　"언니, 나 두 벌 사니까 깎아줘!"

인상 좋은 가게 언니는 중간중간 몸동작을 보고 대충 무슨 의미인지 알아들었는지 나의 한국말 흥정에도 기분 좋게 물건 값을 깎아주었다. 이후 옷가게를 지나갈 때마다 나를 향해 손을 크게 흔들며 그새 배운 '언니, 언니'를 외치며 반갑게 인사를 한다.

지금 내게 필요한 건 하고 싶은 말을 영어가 아닌 한국어로 형용사, 반어법, 유행어, 심지어 다 지나간 유머까지 섞어가며 자유롭게 대화를 나눌 수 있는 유쾌한 한국인 친구가 절실했다. 하지만 9월 냐짱의 거리에서는 나와 친구가 되어줄 한국 여행자는 한 명도 보이질 않는다.

베트남 최대의 휴양지 냐짱,
나는 되지도 않는 영어로 생각하고
한국말을 더듬는 외로운 외톨이가 되었다.

폭우에 잠긴
냐짱

냐짱은 6~10월은 건기, 11~12월은 우기에 해당한다. 내가 머물던 9월은 건기였음에도 두 번이나 도시가 무릎까지 잠기는 폭우가 내렸고, 멀쩡했던 하늘에서 소나기가 갑자기 쏟아져 늘 비와 함께해야 했다. 하수도 시설이 제대로 돼있지 않아, 조금이라도 비가 많이 내리면 빗물이 역류하여 도시는 온통 물속에 잠긴다. 하지만 채 몇 시간이 흐르지 않아 언제 그랬냐는 듯 빗물은 도시를 소리 없이 빠져나간다.

생업을 위해 물살을 헤치며 다니는 사람들 틈에 철없는 나도 껴있다. 거리가 잠긴 더러운 빗물 속에서 어서 나오라는 호텔 언니의 꾸중 섞인 말에도 아랑곳하지 않고 온갖 쓰레기가 둥둥 떠다니는 빗물 속을 첨벙첨벙 어린애 모양 뛰어다닌다.
주황색 우비를 입고 아무 생각 없이 빗물 속에 뛰노는 나를 보며 '뭐 저런 여자가 다 있나' 싶은 표정을 짓는 호텔 언니에게 손을 흔들며 웃어준 후 다시 첨벙첨벙 빗물 속을 뛰어다닌다.

고등학교 시절, 장맛비로 학교 근처의 아파트가 전부 물에 잠긴 적이 있었다. 학교에서는 오전 수업만 마치고 전교생을 집으로 돌려보냈지만 나는 몰래 체육 선생님 뒤를 따라가 물에 잠긴 아파트 단지에서 철없이 물놀이를 하다가 물에 빠진 생쥐 꼴로 집에 돌아와서 엄마에게 무진장 혼났던 기억과 몇 해 전 방콕 여행 중에 쇼핑하러 시내에 나갔다가 갑자기 내린 폭우에 잠긴 도로에서 일행들과 첨벙첨벙 뛰어 놀던, 기억 한 편의 추억을 끄집어내어 신이 났을 뿐이다.

냐짱을 떠나던 날 저녁, 갑자기 밀려오는 먹구름이 시시각각 만들어내는 하늘 그림에
얼른 자리를 뜨지 못하고 멍하니 바라보며 감탄하다가 곧 쏟아진 비바람에 자리를 황
급히 떴다.

냐짱은 그렇게 떠나는 날까지
비를 내게 선물로 주었다.

해변의 사람들

뜨겁게 내리쬐는 뙤약볕 아래 일부러 살을 태우려고 홀라당 벗고 드러누운 서양인들.
바닷바람에 춤을 추듯 파도를 따라 움직이는 윈드서핑.
시원하게 바닷물을 가르며 힘차게 질주하는 제트보트.
냐짱의 하늘을 알록달록 물들이며 높이높이 날아가는 패러세일링.
돈 잘 쓰는 서양인들을 위한 해양 레포츠는 생각보다 비용이 비싸고 재미있다 싶으면
끝나버리는 아쉬움 때문에 내게는 그리 매력적이지 않아 그저 눈으로만 즐긴다.

잘 정돈된 파라솔 아래 수십 개의 비치베드는 아침부터 해가 떨어질 때까지 수많은 외
국인들을 불러 모은다.
냐짱 해변에는 하나의 룰이 있다. 비치베드 앞에 세워진 깃발 안쪽으로는 장사꾼들이
절대로 들어오면 안 되는 것이다. 하지만 생업을 위해서라면 룰 따위는 가볍게 생각
하는 장사꾼들은 직원의 눈을 피해 한가로이 선탠을 즐기는 외국인들에게 다가가 조
용히 장사를 한다. 걸리더라도 그저 미안하다는 말 한마디 하고 슬며시 깃발 밖으로
나가면 그만이지만, 이를 적발한 직원은 버럭버럭 화를 내며 장사꾼들을 멀리멀리 쫓
아버린다.
해변에서 과일을 파는 아줌마는 독특하고 재미있는 억양으로 매일 '해피 아워, 해피
아워Happy Hour' 를 외치며 여행객들을 찾아다닌다.

　　　"해피 아워, 해피 아워, 망고, 바나나! 해피 아워, 해피 아워"

하지만 진정성이 없는 '해피 아워' 과일은 터무니없는 가격 때문에 여행객들에게 외
면을 받고, 해피 아워 아줌마는 결국 다른 파라솔로 '해피 아워, 해피 아워' 를 외치며
사라진다.

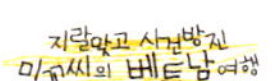

즉석에서 직접 골라준 구슬로 팔찌와 발찌를 만들어 파는 서양 여자들에게 인기 만점 아저씨, 수십 권의 책을 커다란 박스에 빼곡히 담아 어깨에 짊어지고 비싼 가격으로 책을 파는 아저씨, 알록달록한 해먹Hammock을 들고 다니는 아저씨, 허기가 느껴지는 점심때면 지게 한쪽은 해산물. 다른 한쪽은 숯불을 담아오는 이동식 해산물 레스토랑 아줌마.

냐짱 해변은 가만히 누워있어도 원하는 걸 모두 살 수 있다.

과일 빵이 수북이 담긴 쟁반을 머리어 이고, 오토바이 뒷좌석에 여자 친구를 태우고 다니는 청년은 하루에도 몇 번을 만난다. 담배, 과자, 휴지, 엽서 등 온갖 것을 작은 플라스틱 바구니에 한가득 담아서 팔러 나온 할머니는 아직 개시도 못했는데 옆에서 칭얼대는 손녀에게 주머니에서 꼬깃꼬깃한 돈을 꺼내 한소리를 하며 건넨다. 어린 소녀는 할머니 잔소리 따위는 듣지도 않고 꼬깃꼬깃한 돈을 받아들고 기뻐하며 바닷가를 뛰어다닌다.

펄럭이는 파란 깃발을 사이에 두고 냐짱의 해변에는 휴양을 즐기며 돈을 쓰는 사람들
과 그들에게 하나의 물건이라도 팔려는 현지인들의 상반된 모습이 어우러져 있다. 하
지만 해가 지면 상반된 모습의 사람들은 모두 해변을 떠나고 냐짱의 여행자 거리에서
약속이나 한 듯이 다시 만나 어우러진다.

라 할머니

호텔에서 20미터 정도 떨어진 도로변에는 라를 파는 나의 단골 가게가 있다.

그 곳에는 시니컬하면서도 고운 얼굴의 아주머니와 동글동글 인상 좋은 백발의 할머니 모녀가 라와 간단하게 먹을 수 있는 음식을 판다. 나는 하루에 한두 번씩 이 곳을 찾아가 라 한 잔을 마시며 손짓과 몸짓으로 그들과 대화를 나눈다. 시니컬한 아주머니는 내가 무슨 말을 하던 그냥 피식 웃는 게 전부였지만 등이 굽으신 할머니는 내 등을 두드리며 같이 웃어주셨다.

자전거를 타고 그 근처를 지나가면 모녀는 라를 마시고 가라고 어김없이 부른다. 라 한 잔을 마시는 내내 허리가 구부정한 할머니는 내 얼굴을 뚫어지게 쳐다보다가 '한 잔 더?' 라는 의미로 웃으시며 손가락 하나를 치켜 올리신다.

외국인 단골이 생겼다는 것은 이들에게도 이색적이고 즐거운 일이리라.

냐짱에서 닷새가 지난 어느 날 오후 자전거로 골목길을 헤매다 어김없이 할머니의 라를 마시러 가게로 갔지만 라가 다 떨어져 지금 가지고 오는 중이라고 한다. 기다리면서 저녁 장사를 준비하는 할머니 옆에 쪼그리고 앉아 야채 손질하는 것을 도와드린다. 웃으면서 즐겁게 야채 손질을 하는 내가 기특했는지 할머니는 손수 시범을 보이시며 잘한다고 등을 토닥거려주신다.

> "할머니, 나 할머니 손녀 할까? 난 할머니가 참 좋아, 할머니도 내가 만날 오니까 좋지?"

내 말에 고개를 갸우뚱하시던 할머니는 어차피 말해도 못 알아들을 거라 생각했는지 온화한 미소만 띠신다.

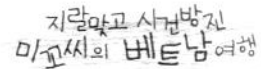

"할머니, 난 할머니가 파는 라가 정말 맛있어,
할머니가 팔아서 그런 거 같아.
그러니까 내가 다시 냐짱에 오는 날까지
할머니 건강해서 할머니 라를 마시게 해줘."

알아 들으셨는지 할머니는 환하게 웃으시며,
다시 내 등을 토닥토닥 두들겨주신다.

라 할머니, 건강히 잘 지내고 계시죠?

자전거로 만나는

냐짱

역시 냐짱은 베트남 휴양지답게 물가가 비싸다. 다른 도시에 비해 자전거 대여료가
무려 1만 동이나 비싼 3만 동이지만 자전거만 있으면 뙤약볕이건 비가 내리건 어둡건
간에 무조건 달릴 수 있어 좋다. 자전거를 타는 즐거움 때문에 나는 매일 1만 동이나
더 주고 바구니 자전거를 빌린다.

　　"바구니가 달린 예쁜 자전거로 부탁해요."
　　"안장을 최대한 내려주세요, 제 다리가 짧아서 페달이 안 닿아요."

숙소를 기준으로 하루는 오른쪽으로 달리고, 다시 그 다음날은 왼쪽으로 달린다. 체력
이 허락하는 날은 양쪽 모두를 열심히 자전거 페달을 밟아가며 신나게 달린다.
나름 단골이 된 옷가게 언니는 나를 발견하면 언제나 '언니, 언니' 외치며 환한 미소로
손을 흔들어 인사한다. 라 할머니 가게 앞에 잠시 자전거를 멈춰 세우고 큰소리로 '신
짜오'를 외치며, 이따 다시 와서 라를 마시겠다고 약속한 후 여행자 거리를 벗어난다.

살랑살랑 기분 좋게 부는 바람에 몸을 싣고 자전거 페달을 밟으며 마음가는대로 목적
없이 그저 달린다.
오르막과 내리막이 있는 경사진 냐짱 다리를 올라갈 때는 툴툴거리며 젖 먹던 힘까지
다해 페달을 밟아야 하지만, 내리막이 시작되면 페달에서 발을 떼고 '꺄아악~' 즐거
운 비명까지 질러가며, 양다리를 벌린 채 신나게 내려온다.
냐짱 다리 아래에는 붉은색 베트남 깃발을 펄럭이며 어선들이 다닥다닥 틈새 없이 붙
어 출항을 기다리고, 비릿한 냄새가 진동하는 생선 말리는 어부들의 손놀림이 바쁘
다. 눈을 돌리면 무너질 듯 불안해 보이는 수상가옥들이 줄지어 빼곡히 늘어서 있고,
웅덩이처럼 고인 물에는 쓰레기들만 가득하다.

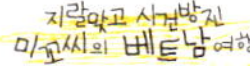

해변을 따라 정처 없이 달린다. 콧노래를 흥얼거리며 냐짱의 골목골목을 누비다 스쳐
지나가는 사람들에게 씨~익 웃으며 손까지 흔들어 인사를 건넨다. 자전거로 5분정도
만 달려 여행자 거리를 벗어나면 새벽부터 늦은 저녁까지 힘겹게 일하며 하루하루를
살아가는 베트남의 현지인들을 만날 수 있다.
이들은 여행자 거리에서 만나는 베트남 사람들과는 달리 나의 몸짓 하나하나 말 한마
디 한마디에 순박하게 웃어주고 좋아해준다. 해맑고 순박한 사람들과 함께하는 이러
한 순간들은 흐뭇한 미소가 함께하는 추억으로 기억된다.

나는 사람들을 만나려고 여행을 하고,
그 사람들과의 추억이 그리워 다시 여행을 떠난다.

오늘도 자전거에 몸을 싣고 바람을 가르며,
거리를 신나게 달리는 행복한 나를 추억하며 살아간다.

먹고 놀아보자,
마마한 투어

냐짱에서 머문 지도 5일이 지났다. 동네만 휘휘 돌아다니거나 해변에서 머무는 게으른 여행자에서 벗어나기 위해 '먹고 놀자 투어'를 신청했다. 마마한 투어Ma Ma hanh's Tour라 불리는 먹고 놀자 투어는 말 그대로 보트를 타는 내내 먹고 노는 투어다. 일부러 이 투어를 즐기려고 냐짱까지 찾아오는 여행자들이 있을 정도로 냐짱의 유명한 투어 상품이다. 애써 발품까지 팔아보지만 이곳 여행사들의 먹고 놀자 투어의 가격과 내용은 거의 똑같다.

드라마 '환상의 커플'에서 나상실 뺨을 후려칠 정도로 싹수없는 직원들이 맞아주는 신카페Shin Cafe에서 점심, 과일, 와인, 스노클링을 포함하여 8달러짜리 먹고 놀자 투어를 신청한다. 벨기에인 커플, 장대처럼 큰 키의 네덜란드 아저씨, 그리고 오늘 새벽 냐짱에 도착해서 피곤하다는 독일 여자, 그리고 세 명의 일본인 청년과 함께 미니밴을 타고 사람들로 가득한 꺼우다 선착장에 도착한다.

외국 여행자와 베트남 현지 관광객 그리고 여행사 직원들로 어수선한 분위기의 배에 올라타니 코믹한 외모를 가진 가이드가 마이크를 잡고 사방에 침을 튀겨가며 오늘 투어 설명에 열을 올린다. 베트남어로 현지인들에게 설명이 끝나자 영어로 나름 유머까지 섞어가며 열심히 설명하지만 외국인들의 반응은 그다지 신통치 않아 보는 내가 다 민망하다.

조잡스러운 거대한 모형 배가 있는 미에우 섬Hon Mieu에서 한 시간을 보내고, 다시 배를 타고 문 섬Hon Mon으로 향한다. 침을 튀겨가며 고래고래 다음 투어를 설명하는 가이드를 제외하고는 늘 시끌벅적하던 서양인들도, 원래 목소리 자체가 큰 베트남 현지인들도 모두 이상하리만큼 조용히 앉아 주변 풍경만 바라본다.

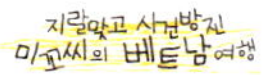

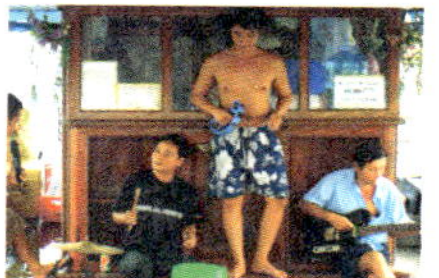

“에... 노~”

주뼛주뼛 내게 말을 걸어보려던 일본 청년들은 새침한 표정으로 쏘
아보는 내 기에 눌려서인지 말 걸기를 포기해버린다. 다시 배는 적
막이 흐르고 얼마 지나지 않아 문 섬에 도착했다.
각자 스노클링 장비를 지급받아 착용하고 배 위에서 풍덩 퐁덩 바
다로 뛰어들지만 탁한 바닷물 속에는 물고기 한 마리 제대로 보이
지 않는다. 나는 희미하게라도 물고기가 보고 싶어 허우적거리며
스노클링을 즐기다가 채 5분도 지나지 않아 그만 입에 물고 있던
마우스피스를 놓치고 말았다.

‘아~놔~!’

이리저리 탁한 바다 속을 휘젓다가 겨우 마우스피스를 발견했지만
아무리 마우스피스가 있는 모래바닥까지 수영해 들어가려 해드 몸

이 자꾸 물위로 둥둥 떠오른다. 내 눈물겨운 사투가 안쓰러웠
는지 일본 청년 순지는 멋지게 잠수해서 잃어버렸던 내 마우스
피스를 건져준다.

"아리가또 ありーがとう"

나처럼 마우스피스를 잃어버렸다 찾지 못한 벨기에 여자는 결
국 5만 동(약 3달러)의 벌금을 물어야 했고, 나는 순지에게 답
례로 저녁에 맥주를 사겠다고 약속하며 이들과의 대화를 시작
한다.

상다리가 부러지도록 차려진 푸짐한 점심식사를 마치자 승무
원들은 우스꽝스러운 악기들을 세팅하고 즉석에서 그들만의
밴드를 결성한다. 곧이어 연주와 노래가 시작되니, 이건 한 편
의 코미디보다도 더 웃긴 바다 위의 파티다.
목청이 터질 듯한 가이드의 열창이 끝날 때쯤 바다로 풍덩 뛰
어든 소년이 튜브에 걸터앉아 우리를 향해 와인 병을 흔들며,
바다로 뛰어들라고 유혹한다. 풍덩풍덩 바다로 뛰어들어 던져
주는 튜브에 몸을 맡긴 사람들은 소년이 주는 와인을 마시며
배에서 흘러나오는 음악에 맞춰 흔들흔들 춤을 춘다. 클럽으로
변한 바다에서 파티가 시작된 것이다.
한심하게 맛없는 싸구려 와인, 유행이 한참 지난 음악, 튜브에
서 들썩들썩 춤을 추며 우리는 말 그대로 먹고 노는 투어를 배
에서 바다에서 지치도록 즐긴다.

냐짱에 왔다면 꼭 해봐야 하는 먹고 놀자, 마마한 투어.
아무것도 묻지 말고 그냥 즐겨라!
신나게 즐겁게 재미있게!

19세기에 프랑스에 의한 도시 계획으로 근대 도시가 된 후
정치 · 경제의 중심지로 발전했으며,
현재 베트남에서 가장 큰 도시로 자리 잡았다.
사회주의국가로 통일되기 전 남베트남의 수도였으며,
그 당시에는 사이공Sai Gon이라고 불렸었다.
사회주의보다는 자본주의의 색이 더욱 강해
낮보다 밤이 더 화려한 호찌민.

슬리핑 버스

냐짱을 떠나던 날 윤지, 순지 그리고 가쥬토와 저녁 약속을 했지만 서로 잘못 알아듣는 바람에 혼자서 저녁식사를 해결하고 터덜터덜 신카페로 향한다. 다시 만난 우리는 약속시간을 잘못 알아들었다며 서로 미안해한다. 일본 사람 같은 이 분위기가 마음에 들지 않던 나는 웃으며 그들의 어깨를 한 번 툭 치면서 '그래 너희가 잘못한 거야' 라고 말하고 호찌민 행 버스에 올라탄다.

신카페의 슬리핑 버스는 지금까지 타봤던 어느 슬리핑 버스보다 깨끗했으며, 지정 좌석이라 빈자리를 찾으려고 애쓰지 않아도 되었다.
띄엄띄엄 떨어져 자리한 우리 넷은 중간 휴게소에서 볼 것을 기약하며 일찌감치 잠을 청한다.

순지는 에어컨의 차가운 바람을 막아보고자 초콜릿 종이로 열심히 에어컨 구멍을 틀어막다가 뜻대로 안되자 포기하고 담요를 완전히 뒤집어쓴다. 하지만 그래도 어지간히 추운지 자꾸 뒤척거려 그의 바지가 사각사각 소리를 낸다.
이제 제법 익숙해진 슬리핑 버스, 두툼한 점퍼에 두 겹의 마스크를 착용하고 에어컨 추위를 이겨낸다. 최대한 편안한 자세로 누운 후 이어폰을 꼽고 느래를 들으며 잠을 청해보지만 뭔가 불안한지 쉽게 잠이 오지 않는다.

빠른 속도로 어두운 도로를 질주하는 버스는 흔들흔들 춤을 추고, 차창 너머 반대편 차도에는 간간이 자동차의 헤드라이트 불빛이 빠르게 지나간다.

오늘밤도 새까만 밤하늘에는 휘영청 밝게 뜬 달님만이
나와 함께 하고 있다.

친절한 한국 여자
미꼬씨

6시, 이른 아침 도로에는 사람들이 바삐 움직인다. 호찌민 여행자 거리 데탐 De Them 신카페 앞에 내려선 우리는 우선 머물 숙소를 찾아보기로 한다. 어째 숙소에 별 관심을 두지 않는 것 같은 윤지와 가쥬토는 알고 보니 오늘 저녁 비행기로 일본에 돌아간다고 한다.

> "뭐? 너희 내일 돌아가는 거 아니었어?"
> "아니야, 오늘 저녁 비행기로 일본으로 돌아가."
> "아, 난 내일 가는 줄 알았어."

다음날 캄보디아로 떠나는 순지는 호찌민에서 딱 하룻밤 머물 곳이 필요했고, 나는 며칠 뒤 한국에서 호찌민으로 날아오는 쫑아를 맞이할 숙소가 필요했다. 이른 아침에 도착한 호찌민에서 딱히 할 일이 없던 윤지와 가쥬토는 고맙게도 우리와 함께 숙소를 찾아 나서주었다. 순지는 의외로 까다롭게 방을 골랐고 그의 입맛에 맞는 숙소를 구하기란 많은 시간과 발품이 필요했다. 그렇게 한 시간쯤 헤매다 으리는 부이비엔 Bui Vien 거리의 크지도 작지도 않은 숙소의 2층과 3층에 각각 짐을 풀었다.
제대로 자지도 씻지도 못한 윤지와 가쥬토에게 내 방에 가방을 두고 샤워를 한 후 함께 돌아다니자는 제안을 하니 너무 고마워해서 오히려 내가 무안해진다. 윤지는 순지 방에서 가쥬토는 내 방에서 샤워를 하는 동안 나는 숙소 앞 리 가게에서 아침 두유 한 잔으로 호찌민의 첫 아침을 맞이한다.

하노이와는 분명 다르지만 참 많이도 닮아있는 사이공, 호찌민

> '부릉부릉' 오토바이 소리에 다시 온 신경이 곤두서는 걸 보니 호찌민이 좋아질 것 같지는 않다.
> '쫑아만 오면 호찌민을 바로 벗어나야지.'

리셉션 의자에 앉아 가쥬토를 기다리며 맞은편에 앉아있던 나이 지긋하신 할아버지
와 눈인사를 나눈다.

"어디서 왔어?"
"한국에서 왔어요."
"오, 코리아! 서울은 정말 멋지고 환상적인 곳이지."
"네, 서울을 가본 적이 있어요?"
"응, 몇 해 전에 다녀왔는데 정말 너무 멋진 곳이었어."
"어디서 오셨어요?"
"나, 인도에서 왔어. 허허허"

유쾌한 인도 할아버지는 한국에 대한 추억이 남다른 듯 '서울'을 한 번 외치고 '원더
풀'이라 말하며 엄지손가락을 추켜올린다.

제대로 머리를 말리지도 않고 후다닥 나온 가쥬토는 내게 키를 넘겨주며 다시 한 번 감사의 인사를 한다. 이를 지켜본 인도 할아버지는 가쥬토를 쳐다보며 '한국 여자는 정말 친절하지?' 라고 웃으시며 묻는다. 갑작스러운 질문에 가쥬토는 그렇다고 쑥스럽게 대답을 하며 나를 쳐다보고 미소를 짓는다.

리셉션에서 내려다보이는 부이비엔 거리는 어딘가로 출근을 서두르는 현지인들과 지금 막 호찌민에 도착한 듯 커다란 배낭을 맨 여행자들 모습이 눈에 들어온다. 여행자들 뒤에는 어김없이 호객꾼들이 졸졸 쫓아다니고 있다. 한국에서는 볼 수 없는 아침 풍경, 한 달 넘게 봐오던 광경이지만 순간 낯설게 느껴진다.

내 의도와 상관없이
친절한 한국 여자가 되어버린
호찌민에서의 첫 아침이
싫지는 않다.

원하는 가격이
얼마야?

이날 밤 일본으로 떠나는 윤지와 가쥬토는 하루 종일 호찌민 시내를 돌아다닐 계획이라 하여 함께 가자고 하니 흔쾌히 승낙한다. 가이드 북 하나만 있으면 이들은 두려울 것이 없어 보인다. 가이드북이 있어도 제대로 길을 못 찾아 엉뚱한 곳에서 즐거워하는 나와 달리, 이들은 가야할 곳을 미리 정한 후 가쥬토가 앞장서서 목적지를 척척 잘도 찾아다닌다.

윤지와 가쥬토는 가이드북에서 추천하는 물방울무늬가 그려진 작은 컵과 스테인리스 주전자를 구입한다며, 레러이Le Loi 거리에 있는 호찌민 최대 시장인 벤탄시장Ben Thanh Market으로 향했다.

식료품, 옷, 시계, 기념품 등 없는 것 빼고 다 있는 벤탄시장은 오전 시간임에도 불구하고 외국 관광객과 상인들로 북적북적하다. 일본어로 나를 유혹하는 상점 언니를 향해 꼬박꼬박 한국 여자라고 친절히 답해주던 윤지는 자꾸 반복되는 것이 지겨운 듯 은근슬쩍 나를 일본 여자로 만들어버린다.

　　"그냥 일본 여자인척 해!"

그들이 찾던 작은 스테인리스 주전자를 발견했지만 부르는 가격이 생각보다 비싸다. 나 같으면 흥정을 해서 원하는 가격에 구입하겠지만 일본인답게 윤지와 가쥬토는 가격을 흥정하지 못하고 쭈뼛쭈뼛 어쩔 줄 몰라 하고 있다.

　　"원하는 가격이 얼마까지야?"
　　"네가 깎아주려고?"
　　"응, 뭐 어려운 일이라고."

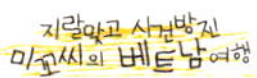

밝아진 표정의 그들을 실망시키지 않으려고 열심히 가격을 흥정해보지만 언니도 참으로 만만치 않은 상대다. 사실 일본인들은 가격이 맞지 않으면 그냥 포기하고 돌아서지 가격 흥정을 잘 하지 않기에 이 여자는 뭔가 싶은 당혹스러움이 점점 언니의 얼굴에도 묻어난다.

뜸을 드리던 언니와 결국 가격 흥정에 성공한 나는 밝게 웃는 윤지와 가쥬토를 향해 승리의 V자를 그리며 뿌듯해한다. 원하는 가격에 주전자를 구입하게 된 그들은 다시 다른 물건에 집중하고 말없이 뒤따라오는 순지는 이 모든 것에 관심이 없는 듯하다. 쇼핑에 관심이 없기는 나도 마찬가지지만 윤지와 가쥬토를 도와 가격을 흥정해주는 것에 재미가 붙었다.

맛집이라 소개된 푸딩 집에서 엄청 실망한 그들은 굴하지 않고 가이드북에 소개된 대형마트를 찾아가 철저하게 가이드북에 소개된 물건 위주로만 구입한다. 가이드북에 무척이나 충실한 이들이 신기해보이다가도 일본 사람이란 사실을 인지하면 금방 이해가 되었다.

양손 한가득 그들이 원하는 물건을 구입한 후 숙소로 돌아가는 길, 갑자기 주위가 어두워지더니 하늘에 먹구름이 드리우고 세차게 바람까지 분다. 아무래도 조금 있으면 한바탕 비가 퍼부을 태세여서 커피숍을 찾아 재빨리 뛰어보지만 이미 늦어 버렸다.

간발의 차로 비가 내리기 시작했고, 고맙게도 윤지는 자신의 우비를 나에게 양보해준다.

오후 4시, 회색빛으로 변한 호찌민 거리에는 우비를 입은 사람과 우산을 받쳐 든 사람들이 빗속을 유유히 걷고 있다. 우리는 담배연기가 자욱한 커피숍의 테이블에 앉아 진하디 진한 베트남 커피를 홀짝홀짝 마시면서 비가 그치기를 기다린다.

우리는 말없이 멈춘 듯
고요히 흘러가는 시간을 즐긴다.

흑백 사진
한 장

미술관이라면 모를까 박물관은 그리 좋아하지 않는 편이다. 특히 잔혹함이 가득한 전쟁 박물관은 더더욱 그렇다. 하지만 세 명의 일본 청년들은 호찌민에서 꼭 가볼 곳으로 '전쟁 박물관 War Remnants Museum'을 꼽았기에 내키지 않는 기분으로 마지못해 그들을 따라 나섰다.

전쟁 박물관에는 베트남 전쟁 기간 동안 수많은 폭탄과 화학 약품을 살포하여 8백만 명의 사상자를 낸 미군의 잔혹한 전쟁 범죄를 고발하는 전시둘들이 진열되어 있어 전쟁에 대한 경각심과 반미 감정을 고스란히 드러내고 있다.

많은 서양 여행자들이 베트남을 여행하는 것과 달리 미국 여행자들이 눈에 많이 띄지 않는 이유가 아무래도 미국에 대한 베트남 사람들의 감정이 삭이지 않았음을 뜻하는 것 같다. 일제 강점기의 아픔을 지닌 우리나라가 일본에 대해 감정이 좋지 않은 것과 비슷한 걸까?

베트남 전쟁에 참전했던 한국군의 잔혹함도 미군 못지않았을 것이다. 전쟁 박물관 개관 당시에는 한국군에 관련된 자료가 꽤 많이 전시되어 있었지만 1992년 수교 이후 자료 대부분을 치우고 일부만 전시하여 전쟁 당시의 한국군의 잔혹함은 숨길 수 있었지만 베트남 사람들은 알고 있으리라.

에어컨도 없는 후덥지근한 전시실에는 10여 년간 계속됐던 베트남 전쟁을 고발하는 끔찍한 사진들이 전시되어 있다. 고엽제 피해로 괴로워하는 사람들, 지뢰로 목숨을 잃거나 신체 일부를 잃은 사람들, 마을 사람 전체를 잔인하게 처형시키는 사진들을 보고 있자니 정신이 더욱 혼미해진다.

전시되어 있는 베트남 전쟁 사진 가운데 유독 내 눈을 사로잡은 흑백 사진 한 장.

선한 얼굴의 베트남 아저씨가 겁에 잔뜩 질린 표정으로 총 앞에 무릎 꿇고 두 손 모아 살려주기만을 바라는 모습의 흑백 사진 앞에서 발길도 옮기지 못하고 그대로 멈춰서 한참을 바라본다.

전쟁의 참혹함을 알면서도 아직도 지구 곳곳에서는 무차별적으로 무력 전쟁이 일어나고 있고, 전쟁 지역에 산다는 이유만으로 총칼 앞에서 자유롭지 못한 이들이 느끼는 공포는 과연 누구의 잘못인가?

일본 친구들이 참혹한 전쟁의 고통스러운 사진 앞에서 숙연하고 진지해진 모습을 보자 나도 모르게 피식 콧방귀가 나온다.

'너희 선조들이 죄 없는 우리나라 사람들에게 이보다 더 심하게 잔혹했다는 걸 알기나 할까?'

진심이겠지만 애처로운 눈빛으로 쳐다보는 지금 이들의 모습이 내 눈에는 가식처럼 보인다. 아직도 지구 곳곳에서는 전쟁이 일어나고 더욱 강력해진 무기로 더욱 잔인하게 죄 없는 사람들을 사살하는 만행이 저질러지고 있다. 사람은 사람 앞에서 무조건적으로 평등해야하며 무력으로 사람의 목숨을 휘두르는 건 말도 안 되는 일이지만 지금까지 지구는 한순간도 전쟁이 없었던 적이 없다.

언제쯤이면 전쟁의 굴레에서
벗어나 평화로운 세상에서
힘없는 사람들이
웃는 날이 올까?

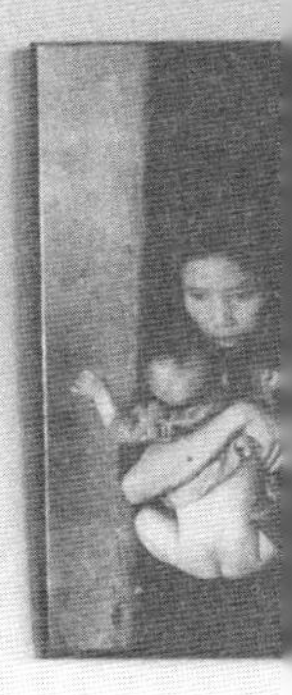

떠나는 사람과 찾아오는 사람

베트남에서의 마지막 저녁식사를 하는 윤지와 가쥬토를 위해 통 크게 피자 한 판을 쏜다. 역시나 그들은 크게 기뻐하며 부담스럽게 세 번씩이나 '아리가또ありーがとう'라 말하더니 피자 한 조각을 베어 물고는 연신 맛있다며 '오이시おいしい'를 외친다.

"공항까지 가는 택시비 흥정해줄 수 있어?"
"얼마 예상하는데?"
"무조건 최대한 많이 깎아줘."

이들에게 나는 가격 흥정을 잘하는 한국 여자로 비춰졌고, 그들의 기대에 부흥하기 위해 택시 아저씨와 적극적으로 흥정하여 2만 동이란 금액을 깎았더니 윤지와 가쥬토는 브라보를 외치며 나를 부둥켜안는다.

"잘 가, 윤지 그리고 가쥬토"
"남은 여행 잘 해. 미꼬씨, 순지"

그들이 탄 택시가 시야에서 사라질 때까지 순지와 나는 손을 흔든다.

"굿바이"

다음날 새벽 5시 바로 위층의 순지 방을 조심스럽게 노크한다. 아침 일찍 캄보디아로 떠나는 순지는 혹시나 자기가 못 일어날까봐 나한테 깨워달라고 부탁했었다. 하지만 순지는 벌써 짐정리를 끝냈고, 밤새 뒤척여서 잠을 제대로 못 잤다며 피곤해 한다.

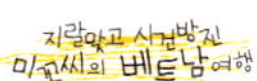

현지인 식당에서 아침식사를 함께하고 라 봉지를 들고 홀짝홀짝 마시며 신카페로 향한다. 캄보디아행 버스에 올라타는 순지와도 작별 인사를 나누고, 서로 남은 여행에 축복을 빌어준다. 순지와 헤어지고 숙소로 돌아오는 호찌민의 아침, 갑자기 혼자 남겨졌다는 사실에 몹시도 외롭다.

결혼해달라며 내 캠코더에 청혼을 하던 윤지,
무뚝뚝하지만 오빠처럼 순간순간 자상함을 보여주던 가쥬토,
그리고 가장 일본인다운 외모에 일본인 성격을 가진 순지,
언젠가 이들을 지구촌 어딘가에서 우연히 다시 만난다면 우리는 진정 인연이겠지.

고마워, 나의 여행에 함께 해주어 행복한 추억을 만들어준 일본 친구들 순지, 가쥬토 그리고 윤지.

다음날 아침 일찍 눈을 뜨고 혼자 요란스럽게 부산을 떤다.
오늘은 한국에서 쫑아가 호찌민으로 오는 날이다. 낯선 이곳까지 찾아오기가 쉽지 않을 것 같아 공항까지 마중가기로 한 나는 괜스레 조급해져 아침부터 허둥지둥한다.
혼자 마음속으로 공항까지의 택시 요금을 정하고 거리에서 택시 기사와 가격을 흥정하지만 대여섯 명의 기사들이 '뭐 이런 여자가 다 있어' 하는 표정으로 나를 쳐다보고는 'No' 라고 외치고 휑하니 가버린다.
하지만 포기하지 않는다. 아침부터 혼자서 괜한 고집을 부리며 이른 아침 길거리에서 20분째 택시를 잡고 있다. 8만 동이면 5,000원 7만 5천동이면 4,700원……, 300원 때문에 확실히 괜한 고집을 부리는 게 맞다. 알면서도 괜한 고집을 부리고 있다.

        "5천 동이면 길거리 커피 한 잔 값밖에 안 되는 거 알지?"

겨우 5천 동 때문에 고집을 부리는 요금 흥정이 영 마음에 들지 않았지간 일단 나를 태운 기사 아저씨는 결국 한 마디를 건넨다.
하지만 아저씨의 불평 따위는 귓가에 들리지도 않고 내 뜻대로 요금 흥정을 했다는 사실에 뿌듯한 마음뿐이다.

'잘했어, 토닥토닥'

호찌민 공항의 입국 출구 앞에는 수십 명의 사람들이 비행기를 타고 오는 누군가를 나처럼 마중 나와 있다. 자동문이 열릴 때마다 단발머리에 늘씬한 한국 아가씨를 찾아보지만 약속된 시간 30여 분이 지나도 쫑아는 나타나지 않는다. 입국 출구 앞에 마련된 철제 의자에 앉아 열리고 닫히기를 반복하는 자동문 쪽으로 시선을 고정한다.

'아직 도착하지 않은 걸까? 아니면 입국 수속이 오래 걸리는 걸까?'

그 순간 열린 자동문 뒤로 눈에 확 띄는 주황색 점퍼를 입은 아가씨가 보이자 순간 쫑아라는 확신이 들어 벌떡 일어나 뚫어지게 주시한다. 내 눈썰미는 틀리지 않았다. 알록달록한 캐리어를 끌고 두리번거리며 쫑아가 나를 찾고 있다.

"쫑아야!"
"언니~, 왜 이렇게 탔어?"

베트남에서 두 달 가까운 시간을 여행 중인 나는 그녀가 보기에도 믿기 어려울정도로 촌스럽게 까매졌나 보다.

"언니, 말은 또 왜 이렇게 버벅거려?"

여행 기간 내내 한국말로 제대로 대화해보지 못한 나는 상황에 맞는 적절한 우리말이 영어처럼 떠오르지 않았다. 순간 한국어도 영어도 제대로 할 줄 모르는 바보가 된다. 대화를 할 때마다 적절한 낱말을 머릿속으로 한 번 고민해야 하는 웃기지도 않는 상황이었지만 그래도 내가 알고 있는 동생과 같이 있다는 것에 기쁘고 감사한다.

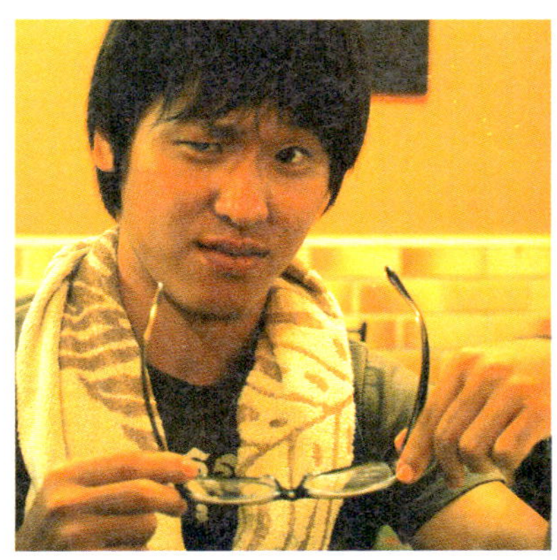 

윤지, 가쥬토 그리고 순지가 베트남을 떠났고,
쫑아가 나를 찾아 베트남에 왔다.

캄보디아
국경놀이

쫑아는 하루 만에 호찌민에 제대로 질려버렸다.
도로를 가득 메운 오토바이와 숨조차 제대로 쉬기 힘든 지독한 매연 때문에 패닉 상태에 빠진 쫑아는 하루 빨리 다른 곳으로 가자고 하지만 15일의 베트남 무비자 기간이 얼마 남지 않은 나는 또 다시 국경 넘기 놀이를 해야 했다.

이번에는 라오스가 아니라 캄보디아로 국경놀이를 할 생각이다.
벤탄시장 맞은편에 위치한 버스 터미널에서 베트남 남부 국경 지역 목바이^{Moc Bai}로 가는 703번 시외버스를 기다린다. 터미널 대기실은 우리만 빼고 모두 현지인들이다. 질서라고는 눈곱만치도 없는 이들은 대기실에서 버젓이 담배를 피워대고 있어 저절로 인상을 찌푸리게 한다.

대기실 밖에는 갈색머리의 서양 남자와 세련된 스타일의 베트남 여자 커플이 서성대는 것이 우리처럼 목바이행 버스를 기다리는 것이 분명해보였고, 우리는 조용히 그들을 따라 국경 넘기를 하자고 계획을 세웠다. 703번 버스가 도착하자 역시나 그들은 우리와 같이 버스에 오른다.
타자마자 맨 뒷좌석에 털썩 주저앉은 커플은 뭐가 불만인지 출발 내내 불평하더니 어느 순간 서로 머리를 맞대고 꾸벅꾸벅 졸고 있다. 우리는 목바이 버스 터미널에서 내려 어떻게 국경까지 가는지 몰랐기 때문에 베트남 현지인과 동행하는 서양남자를 따라가면 문제가 없을 것이라 판단을 했다.
시골 풍경이 정겨운 도로를 2시간쯤 달려 목바이 버스 터미널에 도착하니 내리기가 무섭게 세옴 기사들이 벌떼처럼 달라붙어 우리의 혼을 빼 놓는다. 커플이 세옴 기사들과 가격을 흥정하는 것이 아무래도 이곳에서 조금 떨어진 곳인가 싶어 우리도 흥정을 해보지만 너무 어처구니없는 가격을 제시하는 것이 뭔가 좀 이상하다는 느낌이 뇌리를 스친다. 역시 불길한 예감은 틀리지 않는다.

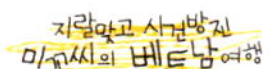

한 대당 2달러를 주고 탄 오토바이는 탄 지 1분도 안 돼 버스 터미널 입구 반대쪽에 있는 베트남 출입국 사무소 앞에 도착한다. 그러니까 버스 터미 널에서 내리면 보이는 입구 반대편이 바로 국경 출국 사무소였던 것이다.

이렇게 뻔뻔한 사기를 아무렇지 않게 치고도 당당하게 '머니, 머니' 하며 돈을 요구하는 사기꾼 세옴 기사에게 순간 욱하고 성질이 치밀어 불같이 화를 내며 1달러씩만 주고 휙 돌아선다. 황당해하는 세옴 기사는 나를 붙잡고 인상을 쓰며 돈을 내놓으라고 협박했지만 오히려 나는 더욱 화를 내며 아저씨 손에 쥐어진 1달러 마저 확 낚아채 씩씩거리며 출입국 사무소로 걸어간다.

불쾌해하기는 서양남자와 베트남 여자 커플도 마찬가지였다. 알고 보니 이들도 이런 식으로 국경 넘기를 해본 적이 없어 오히려 우리보다 더 몰랐던 것이다.

우여곡절 끝에 찾아온 베트남 출입국 사무소에서는 공안들이 우리를 똥개 훈련시키듯 이리저리 왔다 갔다 하게 만든다. 결국 화가 단단히 난 베트남 여자는 버럭 큰 소리를 치며 베트남 공안에게 따진다. 가운데 손가락까지 치켜 올리며 화를 내는 매력적인 베트남 여자, 이런 친구를 둔 서양남자는 어떻게든 되겠지 하며 강 건너 불구경하듯 팔짱을 끼고 쳐다보고 있다.

겨우 베트남 출국 수속을 마치고 쫓아와 베트남 여자는 베트남 출입국 사무소에서 기다리고 나와 덴마크 청년은 캄보디아 출입국 사무소를 향해 걸어간다.

덴마크 사람인 서양남자는 베트남에서 일을 하는데 비자가 오늘로 끝나는 줄도 모르고 어제 밤새 술을 마셔서 지금 제 정신이 아니라며 캄보디아 출입국 사무소까지 걸어가는 내내 혼자서 쉬지 않고 떠들어댄다.

“어느 나라에서 왔어?”
“한국”
“남한에서 왔어, 북한에서 왔어?”

이런 황당한 질문을 하는 녀석을 만나다니, 이 녀석을 그냥 버리고 가고 싶은 마음이 생긴다.

“물론, 남한에서 왔지.”
“한국은 어떤 나라야? 따뜻해?”
‘휴~우’

한숨이 절로 나온다. 한국에 대해 아무것도 모르는 이 녀석에게 한국은 사계절이 있는 나라고, 일본과 가까이 있는 나라며, 그럭저럭 살만한 나라라고 설명해준다. 하지만 이 녀석은 사계절이 있다는 말에 별 관심이 없다. 덴마크가 추워서 더운 베트남으로 왔다며 겨울이 있는 나라는 무조건 싫다고 한다.
캄보디아 출입국 사무소에서 미리 준비한 20달러와 사진 한 장을 캄보디아 공안에게 건넨다. 이를 지켜보던 덴마크 청년이 이건 또 뭐냐고 묻는다.

“캄보디아는 비자 비용 20달러와 사진 1장이 필요해.”
‘오~ 노’

덴마크 청년은 지갑을 여자 친구에게 맡겼다며 돌아가서 주겠다고 20달러를 빌리더니 사진도 챙기지 않아 다시 1달러를 더 빌린다. 아무것도 모르는 이 친구를 믿고 캄보디아 국경을 넘나들겠다고 마음먹은 내가 불쌍하고 처량하게 느껴진다. 우리는 여권에 캄보디아 입국과 출국 스탬프를 모두 찍고 다시 베트남 국경으로 되돌아온다. 덴마크 청년이 갑자기 사진을 찍어달라며 뜬금없이 베트남 국경 앞에서 폼을 잡고 해맑게 웃는다.

‘참……. 어이없지만 재미있는 친구다.’

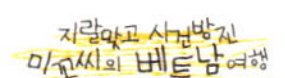

베트남의 입국 스탬프를 찍고 다시 15일간의
베트남 여행이 허락되는 순간,
국경 놀이가 끝난 우리는 옥수수 하나씩를
입에 물고
호찌민행 버스에 올라탔다.

미토 메콩
델타 투어

호찌민을 떠나기 전 구찌 터널^{CuChi Tunnels} 투어를 할 것인가, 미토 메콩 델타^{My Tho Mekong Delta} 투어를 할 것인가 고민하다 베트남의 아마존으로 가자고 결정을 내린다.
호찌민에 머무는 내내 날씨가 좋지 않았고 오늘 역시 날씨가 흐리다. 비가 올 듯 말 듯한 날씨에 바람까지 분다.

'베트남에는 노총각이 많아, 왜냐하면 대만과 한국 남자들이 이곳 여자들을 데려가서 베트남에는 처녀가 많지 않기 때문이야.'

'여기서는 중국제 오토바이를 타는 남자는 그저 그런 여자 친구를 만나고, 일본제 혼다 오토바이를 타는 남자는 멋진 여자 친구를 만나.'

'나는 얼굴도 못생긴데다 혼다 오토바이도 없으니 여자 친구도 없어서 아직 결혼도 못했어. 나 불쌍하지?'

미토 메콩 델타 투어 가이드의 위트 넘치는 설명에 미토로 가는 내내 버스 안은 웃음으로 가득하다.

베트남에서는 메콩강을 구룡강이라고도 하는데, 바다에 인접하여 폭이 넓고 유속이 느려 자연스럽게 삼각주(델타)가 형성되었으며, 주변 수로를 따라 밀림처럼 나무가 우거져 있는 딴롱 섬^{Con Tan Long}(드래곤 아일랜드), 터이썬 섬^{Con Thoi Son}(유니콘 아일랜드), 꾸이 섬^{Con Qui}(토토이스 아일랜드), 풍 섬^{Con Phung}(피닉스 아일랜드) 4개의 섬을 차례로 방문하는 것이 바로 미토 메콩 델타 투어이다.
크루즈 선착장에 도착하니 누런 황토 빛의 넓은 메콩강이 눈앞에 펼쳐지고 크루즈라 하기에는 많이 민망한 보트에 올라탄다.

구명조끼를 착용한 우리는 배에 균형을 맞추기 위해 가이드가 지정해준 자리에 앉는다. 뚱뚱한 사람이 오른쪽에 앉으면 왼쪽에도 뚱뚱한 사람, 마른 사람이 오른쪽에 앉으면 왼쪽에도 마른 사람이 앉아서 배의 무게 중심을 잡는다. 주황색 구명조끼를 입은 사람들이 가득 탄 파란색 보트들이 매섭게 부는 바람에 흔들거리며 황토 빛 강을 헤치며 첫 번째 섬을 향해 간다.

각 섬에서는 코코넛 캔디, 벌꿀, 과일, 전통 연주 등 전형적인 투어 상품들이 우리를 반긴다. 정말 맛이 없던 벌꿀 차에 입맛 제대로 버리고, 토실토실 살이 제대로 오른 살아 있는 뱀을 목에 둘러본다. 오랜 여행이 나에게 준 선물, 두려움을 상실한 것이다. 과일을 먹으면서 베트남 전통 연주에 맞춰 민요를 부르는 공연을 보지만 연주도 노래도 형편없기에 도저히 팁 박스에 돈을 넣을 수가 없다. 마음씨 넉넉한 쫑아도 외면하던 그들의 노래 실력은 우리가 이해를 못하는 건지 아니면 그들이 정말 실력이 없는 건지 모르겠다.

농라를 쓴 베트남 여인이 노를 저어가는 작은 쪽배에 타고 나무가 우거져 밀림 같은 좁은 수로를 탐험하는 것이 미토 메콩 델타 투어의 하이라이트이다. 연분홍 긴팔 옷을 입고 쪽배를 저어가는 여인의 발바닥은 너무도 매끈하여 발바닥 지문이 사라진 지 오래이다. 야리야리한 여인의 몸으로 결코 짧지 않은 좁은 수로를 노로 저어가는 그녀는 분명 가족의 생계를 책임지는 가장임에 틀림없다.
물을 가르는 소리, 우거진 나뭇잎을 스쳐 지나는 소리, 반대편에서 만나는 쪽배 아주머니와의 수다 소리가 어우러져 지금까지 베트남에서 느껴보지 못한 순간순간의 아늑함과 고요함이 느껴진다.

코코넛 캔디를 만드는 섬을 둘러보고 투어 음식 중 최악의 점심을 먹고 난 후 해먹 Hammock에 누워 잠깐 낮잠을 자고 일어나 호찌민으로 돌아온다. 도착하고 얼마 있지 않아 시원하게 또 한바탕 비가 내리 퍼붓는다.

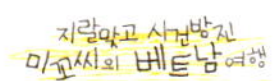

호찌민의 밤

호찌민의 밤은 하노이보다 길다.

밤 10시가 되어도 거리가 시끌벅적 소란스러운 것이 적응이 잘 안 된다. 밤 9시면 잠이 들던 다른 도시와는 달리 이곳은 11시가 넘어서야 비로소 조용해지는 도시와 함께 나도 잠이 들 수 있다. 하루에도 두세 번씩 비가 내리는 우기, 빗물이 고인 거리를 오토바이와 차들이 지나면서 빗물을 요란스럽게 튕겨낸다.

숙소 맞은편에 위치한 고급 커피숍 Bobby Brewers 2층에 자리 잡고 앉아 카페라떼를 마시며 비에 젖어 반짝이는 호찌민의 거리를 바라본다. 거미줄처럼 뒤엉킨 새까만 전신줄 더미가 어지러이 하늘을 가리고 2층에서 내려다보는 도심의 풍경마저 망쳐버린다.

　　"전신줄을 몽땅 잘라버리고 싶어."

서늘한 밤바람이 시원하게 느껴지는 것이 간만에 누려보는 느긋한 저녁시간이다. 한 번쯤은 호찌민의 나이트클럽을 가보자 다짐을 했건만 좋아와 나 둘 다 밤 문화를 좋아하지 않기 때문에 그저 마음만 먹고 단 한 번도 실천해 보지 못한다. 편안하게 앉아 따뜻한 커피를 마시며 호찌민의 밤거리를 내려다보는 것만으로도 충분하다.

호찌민의 밤거리,
괜스레 젖어드는 두 눈 때문에
희미해진다.

거칠고 높은 파도로 윈드서핑을 즐기기에 적합한 바다,
야자수가 가득한 10km에 이르는 길고 한적한 해변,
모래언덕에서 즐기는 샌드보딩,
신선한 해산물 요리로 가득한 레스토랑
그리고 하루 종일 파도소리와 바닷바람과 함께하는
낭만적인 산책을 즐길 수 있는 무이네.

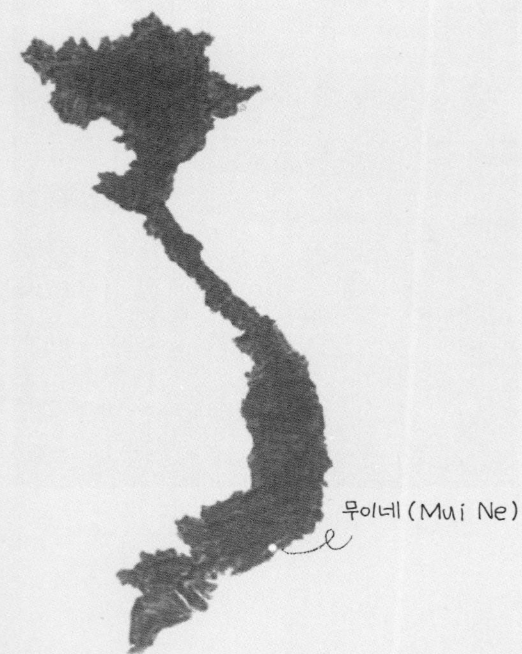

신비한 이름,
무이네

쫑아는 시끄럽고 복잡하고 어지러운 호찌민을 벗어난다는 사실만으로도 무척이나 행복해 한다.
무이네행 버스에서 만난 베트남에 거주하는 형태 씨는 볼일을 마치면 어떻게든 우리를 찾아오겠다는 기약 없는 약속을 하고 무이네 초입에서 먼저 내렸다.

무이네, 매력적인 이름을 가진 해변 마을에 도착하자마자 강렬한 태양의 후끈한 열기와 몽실몽실 피어나는 아지랑이가 우리를 반긴다. 나 같은 길치도 어지간해선 길을 잃을 수 없게 시원스레 한 방향으로만 길게 뻗은 도로가 무척이나 마음에 든다.

기본적인 것만 갖춰져 있는 지은 지 오래된 방갈로는 에어컨이 없어 찜통이지만 급한 대로 우리의 짐을 일단 이곳에 푼다. 오래 이곳에 머무를 수 없겠다는 생각에 딱 하루만 보내기로 결심하고 우리는 다른 숙소를 찾아보기 위해 자전거를 빌려나온다.
도로변에 띄엄띄엄 위치한 숙소를 따라 자전거를 타고 꽤 멀리까지 이동하며 일일이 알아보지만, 딱 마음에 드는 곳을 정하지 못한 채 배고픔에 우선 레스토랑으로 발길을 돌린다.
사람들이 꽤나 붐비던 레스토랑을 골라 야외 테이블에 자리를 잡고 앉아 한숨 돌린다. 천천히 메뉴판을 살펴보고 대충 주문을 마치자 형태 씨가 오토바이를 타고 거짓말처럼 눈앞에 나타난다.

        "어떻게 우리를 찾았어요?"

그냥 도로를 달리다가 우연히 우리를 발견했을 뿐이라 한다. 한 길로 쭉 뻗은 무이네의 도로는 이렇게 사람도 쉽게 찾을 수 있나보다.

"저기요…"

도란도란 수다를 떠는 우리 건너편 테이블에 앉아 있던 동양 여자가 조심스레 말을 건네 온다. 짧은 일정으로 혼자 여행 중인 송이는 마침 한국말이 들려서 반가운 마음에 용기를 내어 우리에게 말을 걸었다고 한다.
호찌민에서는 만나고 싶어도 만나지지 않던 한국 사람들을 한적한 무이네에서 이렇게 한꺼번에 만나다니……

무이네, 첫날부터 마음에 든다.

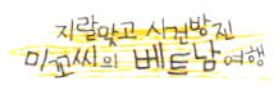

새로운 둥지

해변 도시임에도 파도 소리가 들리지 않는 도로변에 새로 지어진
페인트 냄새가 풀풀 풍기는 우리들의 새로운 보금자리.
신축 건물임에도 자주 하수구가 막혀 욕실은 늘 한강이 되고,
베란다 문을 열기 무섭게 온갖 벌레들이 떼거리로 달려드는 곳.
손가락만한 거대한 바퀴벌레가 방바닥을 기어 다녀 식겁하게 만들고,
툭하면 정전이 되어 우리를 어둠 속에 가둬버리는 곳.

시원한 바람이 나오는 에어컨이 있고,
멍하니 몇 시간동안 우리를 꼼짝 못하게 만드는 TV가 있는 곳.
노곤하게 축 처진 몸을 한 방에 흡수해버리는 폭신폭신한 침대가 있고,
따뜻한 물이 콸콸 나오는 널찍한 욕실이 있는 곳.

새로 지은 건물이라 모든 것이 깨끗했지만 자가 발전기 하나 없어 별 하나 등급도 달지 못한 '한 카페' 지정 숙소에 새로운 둥지를 틀었다. 여자만 보면 엉덩이를 툭치는 변태 아저씨는 나의 호통 한 마디에 벌벌 떨며, 머무는 내내 슬금슬금 나를 피해 다닌다. 가격대비 나름 최고의 시설을 자랑하기에 40달러를 요구하는 리조트 풍의 호텔이 부럽지 않았다.

솔직히 뭐 살짝 부럽긴 하다.

미꼬씨 VS 쫑아

햇살이 강할수록 활기차게 싸돌아다니는 미꼬씨,
강렬한 태양이 빛을 잃어야 해변 산책을 즐기는 쫑아.

웬만하면 모기가 절대 물지 않는 쓰디쓴 피를 가진 미꼬씨,
단 한 마리의 모기만 있어도 온몸을 헌혈하는 달달한 피를 가진 쫑아.

눈뜨고 당하는 꼴은 죽어도 못 보는 버럭 성질의 미꼬씨.
싸우는 것이 싫어 웬만하면 다 지고 사는 쫑아.

늘 시도 때도 없이 입에 먹을 것을 달고 다니는 미꼬씨.
정확히 세끼만 먹으면 만족하는 쫑아.

새로운 사람과 어울리는 것을 좋아하는 미꼬씨.
새로운 물건에 관심이 많은 쫑아.

신기할 정도로 서로가 너무나도 다른 우리는 알게 모르게
서로를 맞춰가며 큰 탈 없이 여행을 한다.

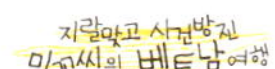

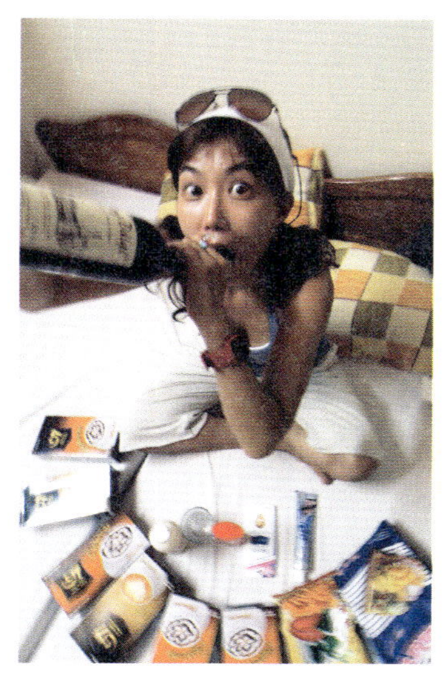
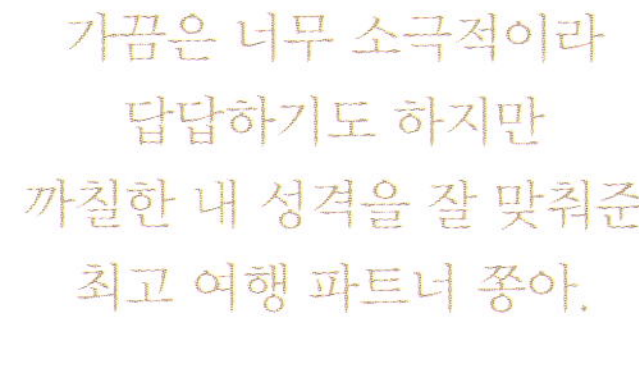

가끔은 너무 소극적이라
답답하기도 하지만
까칠한 내 성격을 잘 맞춰준
최고 여행 파트너 쫑아.

하늘이 선물해준
놀이터

가지고 놀 장난감이나 뛰어놀 운동장 하나 변변치 않은 무이네의 아이들에게 바다는 그야말로 하늘이 준 멋진 놀이터다.

외국 여행객들이 비치베드에 누워 일광욕을 즐기거나 윈드서핑, 제트스키 등을 즐길 때, 무이네의 아이들은 밀려오는 파도와 모래사장에서 그들만의 놀이로 신나게 뛰어 논다. 비싼 돈 들여가며 폼 잡는 관광객들의 시간 때우기 놀이보다 아이들이 바다와 함께하는 놀이가 더 신나고 재미있어 보이는 건 나만의 생각일까?

노을이 지는 해변에는 바다를 향해 뛰어드는 아이들의 실루엣이 한 폭의 그림을 만들어 나도 모르게 입가에 미소가 번진다. 반짝반짝 빛나는 모래사장을 일없이 산책하다 보면 나의 마음은 벌써 바다로 퐁당 뛰어 들어 아이들과 함께 신나게 놀고 있다.

붉게 물들어가는 무이네 해변, 아이들이 첨벙첨벙 뛰어다니며 일으키는 물방울이 마음에 번져 촉촉이 젖어든다.

아이들에게 바다가 있다는 건,
언제든지 아이들 곁에 말없이 놀아줄 상대가 있다는 것이다.
그래서 무이네 아이들은 외롭지 않다.

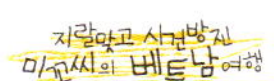

지랄맞고 사결방진
미고씨의 베트남 여행

사랑하고
이별하고

우리가 이별하던 날 기억하나요?
눈부시게 화창했던 오월의 어느 날이었어요.
이별을 하기에는 어울리지 않을 만큼 참 좋은 날이었죠.
당신은 우리의 사랑이 버겁다며 내 손을 놓았고, 나는 머리를 짧게 잘라버렸죠.
이별인줄 분명하게 알았지만 내 가슴은 바보처럼 한동안 당신을 찾았어요.
길을 가다 당신 향기가 바람결에 불어오기라도 하면 거리에 서서
나도 모르게 그만 눈물을 흘렸지요.

사랑이 전부였던 그때, 우리의 서툰 이별을 받아들이기엔 너무 어렸나 봐요.
그렇게 우리는 어색해진 내 머리 길이만큼 더 어색한 사이가 되어버렸어요.
시간이 약이란 말이 있잖아요? 맞는 말 같아요.
이제는 당신을 떠올려도 눈물이 흐르지 않는 걸 보면요.
하지만 오늘, 이제는 아련해진 그대의 향기가
무이네 바다 바람결에 묻어와 나도 모르게 눈물을 흘리고 말았어요.
참, 바보 같죠? 그때처럼 눈부신 날이라 그대가 떠올랐나 봐요.
당신은 내 머리가 아닌 마음이 기억하는 사람인가 봐요.

칠흑처럼 어두운 무이네의 밤.
철썩철썩 정적을 깨우며 밀려왔다 밀려가는 파도가 가슴 깊은 곳에 묻어 둔 지난 내
사랑을 떠올리며 방울방울 가슴을 적신다.
내가 여기 살아가고, 그도 어느 곳엔가 살아가고
이제는 한때의 사랑을 추억이라 공유하는 남보다도 더 못해져 버린 우리.
이제는 우리라 더 이상 부를 수도 없는 그를 밀려가는 썰물에 떠나보낸다.

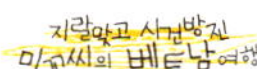

안녕, 눈부시게 아름다웠던 나의 사랑아.

바람이 분다

바람이 분다.
비릿하그 시원하게 불어오는 바닷바람에 머릿결이 흩날린다.
불어오는 바람에게 조용히 내 소식을 보낸다.

잘 지내고 있다고.
건강하다고.
그리고
그립고 참 많이 보고 싶다고.

바람결에 보낸 소식이 무사히 바다를 건너
그대에게 전해지기를 소망한다.
내일 다시 불어올 바람결엔 그대 소식이 전해오기를 희망한다.

바람이 분다.
비릿한 바닷바람이

심심한 하루

늦잠을 자고 일어나 아침부터 TV에서 나오는 한국 가수들의 뮤직 비디오를 쭝아와
둘이 침대에 걸터앉아 넋 놓고 바라본다.
베트남에 와서 골백번도 더 본 뮤직 비디오지만 딱히 볼만한 다른 프로그램이 없어서
매번 마치 처음 보는 것처럼 입을 벌리고 넋 놓고 본다.
천천히 씻고 나갈 준비를 마친 후 늦은 아침을 먹으러 어슬렁어슬렁 숙소를 나선다.
어느덧 단골이 돼버린 오픈한 지 얼마 안 된 레스토랑을 향해 습관처럼 발걸음을 옮긴다.
서로 지난 추억까지 모두 공유해버린 우리는 더 이상 특별히 할 이야기도 마땅치 않아
묵묵히 걷기만 한다.
얼음 동동 진한 카페쓰아다 한 잔을 마시고, 거리를 걸으며 일광욕을 즐기고, 해변 산
책도 잊지 않는다.
한적한 무이네의 오후는 우리의 심심함보다 더 고요하고 정막하다.

심심하게 흘러가는 무이네의 하루.

무이네 물가

오토바이 1일 대여료 - 10달러
자전거 1일 대여료 - 3만 동
사막 지프 투어 3명 기준 - 30달러
초코우유 한 잔 - 5천 동
늑욱미아 한 잔 - 5천 동

가격을 담합한 무이네는 다른 도시보다 물가가 모두 비싸다.
혹시나 하는 마음에 조금이라도 싼 가게와 여행사를 찾아다녀보지만 괜한 헛일이 된다.
무이네에서 머문 지 3일이 지나서야 담합 사실을 알게 되었다.
그것도 모르고 열심히 다리품을 팔고 다녔으니 괜스레 다리에게 미안하다.

그렇다고 깎아달라는 말 한 마디에
인상까지 써가며 외면할 필요는 없잖아, 언니!

꼬마 강도

오후 햇살을 받아 근사하게 반짝이는 코발트 색 지프를 타고 한껏 들뜬 마음으로 무이네 투어를 시작한다. 출발을 하고 나서야 지프가 탑이 없는 오픈카라는 사실을 알았고, 뒷좌석에 앉은 송이와 나는 초절정 직사광과 맞바람을 그대로 얼굴에 받으며 10여 분을 달려 요정의 샘 Fairy Spring에 도착한다.

모래바람을 그대로 뒤집어쓰고 달려온 탓에 손가락으로 빗질을 해도 미친 여자 꽃다발처럼 헝클어진 머리는 좀처럼 쉽게 정리되지 않는다. 불성실한(불친절과는 다른 의미) 지프 기사는 우리들이 대충 알아서 다녀 오라하고는 본인은 다른 기사들과 카드놀이 판을 벌린다.

> "오늘은 학교 쉬는 날이야. 우리가 요정의 샘을 안내해줄게"

아이다운 순수함이 느껴지지 않는 어른 얼굴의 꼬마 녀석 두 명이 입구에서 요구하지도 않은 가이드를 자청하고 앞장서서 간다.

> '요런 맹랑한 놈들'

뻔한 거짓말을 아무렇지도 않게 둘러대는 녀석들.

> '요 녀석들이 돈을 달라고 할 모양이군.'

이제 '척하면 아~' 하는 경지에 올라버린 눈치백단의 나에게 이 녀석들의 수작은 너무 뻔해 보인다. 우리는 맹랑한 꼬마 녀석들에게 일단 속아주기로 하고, 가이드만 잘 해주면 약간의 돈을 줄 생각으로 따라 나섰다.

온통 붉은 토양 탓인지 빨간 물감을 풀어놓은 듯 물빛은 연한 붉은 빛을 띠고, 고운 토사 위를 얕게 흐르는 물은 햇볕에 데워져 미지근하고 부드럽다. 둘길을 거슬러 오르니 서서히 드러나는 요정의 샘 풍경에 그만 매료되어 짧은 감탄사가 쉴 새 없이 터져 나온다. 붉은 황토로 덮여 있던 석회암층이 오랜 세월 풍화작용으로 조각처럼 다듬어지면서 독특한 풍경들을 여기저기 만들어 놓았다.

베트남 여행 중 그 어느 때보다 높고 푸른 하늘과 나무를 무성하게 감싼 초록빛의 나뭇잎 그리고 붉은빛 토양의 자연이 만든 삼원색 RGB 컬러가 이처럼 조화로울 수 없다.

가이드를 자처하던 맹랑한 꼬마들은 십여 분간을 내내 물살을 걷어차며 지들끼리 앞서 가더니, 돌아서며 이제 그만 봐도 된다며 돌아가자고 한다.

　"벌써? 아직 끝이 아닌 거 같은데?"
　"더 가도 별로 볼 것 없어. 다 똑같아 돌아가자."
　"거짓말, 우리는 더 가볼래."

자신들의 뜻대로 따라주지 않자 꼬마들 얼굴에 귀찮고 짜증난다는 표정이 그대로 드러난다.

　"우리 이제 학교가야 하니까 돈 줘."

처음에는 학교가 쉬는 날이라고 하더니 이 녀석들은 이제 말까지 바꾼다. 가이드도 제대로 하지 않고 거짓말까지 하는 꼬마 녀석들은 마치 돈을 우리에게 맡겨놓은 것처럼 당당하게 요구하는 모습이 괘씸하고 어이가 없다.

"우리가 언제 너희들 보고 가이드해달라고 했어? 너희가 온 거잖아."

주지말까 하다가 지갑에서 2만 동(약 1달러)을 꺼내주니 당돌한 녀석들이 한 사람당 5만 동씩을 달라고 한다. 어처구니가 없어 몇 마디 훈계를 하지만 녀석들은 비웃듯 콧방귀만 뀐다. 답답해지는 가슴을 쓸어내리며 돈만 요구하는 녀석들을 무시하고 뒤돌아 우리끼리 가던 길을 간다.

"Hey! Korean!"

녀석들이 우리를 부른다. 뒤를 돌아보자 한 녀석이 나에게 건네받은 지폐 2만 동을 물에 던져버리고 욕지거리가 분명한 베트남 말로 인상을 잔뜩 쓰며 쏟아낸다.

초코 우유 4개, 늑음미아 4잔, 과자 2봉지, 카페쓰아다 4잔, 캔 커피 2개…….
2만 동이면 결코 아이들에게는 작은 돈은 아니다. 그런데도 얼렁뚱땅 외국인을 속여 돈을 뜯어내는 10살 남짓한 아이들을 보자니 화가 나기도 하고, 한편으로는 안타깝기도 하다.

며칠 후 요정의 샘을 다시 찾은 우리는 인상 좋게 생긴 서양 노부부를 앞장서 가는 녀석들을 다시 만났고, 녀석들은 우리를 보고는 얼른 눈을 피해버린다.
녀석들은 분명 노부부에게 오늘은 학교가 쉬는 날이라고 거짓말을 했을 거고, 조금 가다가 이제 다 봤다며 돌아가자고 하겠지. 그리고 말도 안 되는 돈을 수고비로 당당히 또 요구하겠지.

요정의 샘에는 동심을 잃은
어른 얼굴을 한
꼬마 강도들이 있다.

피싱 빌리지

피싱 빌리지Fishing Village를 제대로 느껴보고 싶다면 이른 새벽부터 부지런을 떨어야 한다. 그래야만 멋진 일출도 보고, 고깃배들이 간밤에 잡아온 싱싱한 활어들을 즉석에서 거래하는 새벽 수산시장만의 활기를 느낄 수도 있다. 하지만 아쉽게도 우리 지프가 이곳에 도착한 시간은 오후라 대부분의 어선은 이미 정리를 끝냈고, 늦게 도착한 몇몇의 어선과 어부들만이 바닷가에서 뒷정리를 하고 있었다.

다음날 새벽같이 일어나 자전거를 타고 다시 찾아오리라 마음먹었지만, 이제는 제대로 게을러져 버린 나는 늦게 일어나서 늑장을 있는 대로 부리고 출발하니 오후 1시가 돼서야 겨우 도착했다. 한쪽에선 그물을 정리하고 다른 한쪽에선 잡아온 물고기들을 손질하고 있다. 이른 새벽부터 쉬지 않고 일을 했을 터지만 오후까지도 여전히 바쁜 모습들이다. 이들에게 나는 잠시 이곳을 스쳐지나가는 유령 같은 존재일 뿐인가 보다.

> "날 좀 봐줘요, 나랑 얘기 좀 해요"

마무리 손질이 바쁜 것인지 눈길 한 번 주지 않자 나는 이들 틈으로 걸어 들어가 방긋방긋 웃으며 보디랭귀지로 말을 걸어보지만 흘긋 한 번 쳐다볼 뿐 다시 본인들의 일에 집중을 한다.
뜨거운 볕을 피할 곳도 없는 배 위에 걸터앉아 그물을 정리하는 할아버지에게 조심스럽게 다가간다. 세월의 굵은 주름이 인상적인 할아버지에게 말을 걸어본다.

> "할아버지, 이거 무슨 게에요?"

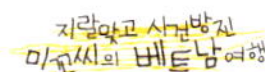

어차피 내가 베트남어를 할 수 있는 것도 아니고, 그렇다고 할아버지가 영어를 알아
들을 리도 없으니 그냥 몸동작을 섞어 한국어로 물어본다. 그런데 내 질문을 알아듣
기라도 한 것처럼 환하게 웃으시며 정리하던 그물에서 잠시 손을 떼고 나를 바라보며
베트남어로 뭐라고 몇 마디 하신다.
무슨 말인지 알 수는 없지만 물음에 화답해주시는 할아버지의 미소에 나도 활짝 웃는다.
파도가 넘실거리는 바다에는 밤샘 고기잡이를 준비하는 어부들이 바삐 움직인다.

고기로 한가득 채워 회항하는 만선의 꿈을 꾸는 어선들이
파도에 따라 춤을 추며 출항을 기다리고 있다.

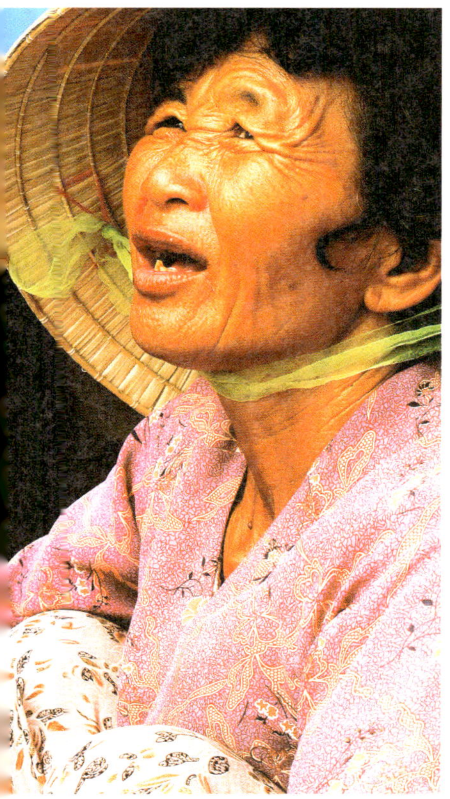

<h1 style="text-align:right">어촌 아이들의
일상</h1>

한낮의 구더위 때문에 베트남 아이들의 학교 수업은 11시에 오전 수업이 끝나고, 2시부터 다시 오후 수업을 시작한다. 그러나 대부분의 아이들은 11시 오전 수업이 끝나면 곧장 집으로 돌아와 부모님의 일을 돕는다. 형편이 좋지 못한 아이는 학교조차 다니지 못하고 새벽부터 어른들 틈에서 하루 종일 일을 해야 한다. 그래서인지 이곳 아이들의 얼굴에는 삶이 힘겨운 어른의 모습이 종종 드리워져 있다.

부모님 곁에서 그물에 걸린 게를 제법 익숙한 손놀림으로 떼어내는 소년에게 다가가 말을 걸었다.

    "안녕, 신짜오~"

작은 그물망에 하나씩 담겨있는 게를 떼어내던 소년은 나의 인사에 고개를 잠깐 들고 눈을 마주치더니 다시 하던 일을 계속한다.

    '못 들은 건가?'

사람과 사람이 눈을 마주했는데 아이의 표정에는 아무 변화가 없다. 쪼그리고 앉아 소년이 일하는 모습을 옆에 말없이 쳐다본다. 아이는 그러든 말든 전혀 신경도 쓰지 않는 눈치다. 잠시 쪼그려 앉아있었는데도 다리가 저려온다.

    '매일매일 같은 일을 반복하는 소년은 얼마나 더 힘들까?'

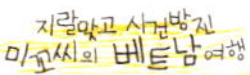

한창 엄마 품에서 응석을 부리고
신나게 뛰어놀 나이에,
아이는 아이다울 틈도 없이 너무 일찍 삶을 책임지는
어른이 되어버렸다.

하얀
모래 언덕

화이트 샌듄White Sand Dune 가는 길, 갑자기 하늘이 심상치가 않다. 진한 쪽빛으로 변한 하늘에는 머리 바로 위까지 먹구름이 낮게 깔리더니 바람이 거세게 불기 시작한다. 금방 폭우라도 쏟아낼 듯 잔뜩 인상을 쓴 하늘, 화이트 샌듄으로 가는 길은 사진으로 담아낼 수 없는 멋진 풍경이 펼쳐진다.

붉은 토양이 그대로 드러난 울퉁불퉁한 비포장도로를 지프가 심하게 흔들거리며 달려간다. 세찬 바람 때문에 머리가 제대로 헝클어졌는데도 기분은 좋다. 잔잔한 물결이 이는 호수 뒤로 모래언덕이 보이는 풍경이 눈앞에 펼쳐지자 심장박동이 빨라지기 시작한다.

하지만 혹시나 하늘이 우리 기대를 저버리고 비라도 쏟아낼지 모른다는 불길한 생각에 지프가 주차장에 도착하자마자 재빨리 내려 하얀 모래 언덕을 향해 달려간다.

　　　“보드, 보드! 보드 안탈래?”

보드라고 말하기엔 민망한 널빤지를 빌려가라고 입구부터 몇 명의 아이들이 호객행위를 한다. 좋지 않은 날씨에 어떻게 할까 잠시 고민하지만 언제 다시 타보나 싶어 널빤지를 빌려 옆구리에 끼고 헉헉대며 모래 언덕을 올라간다.

모래 언덕을 반쯤 올랐을까, 우려했던 대로 하늘은 우리 기대를 저버리고 굵은 빗방울을 후드득후드득 떨어뜨리기 시작한다.

결국 널빤지를 우산대신 머리 위에 받쳐 쓰고 모래 언덕 아래 작은 오두막으로 내려갔다. 오두막에는 벌써 비를 피해 뛰어 들어온 사람들로 가득하다. 따뜻한 커피 한 잔을 마시며 미친 듯이 퍼붓는 빗줄기 사이로 희뿌옇게 보이는 하얀 모래 언덕을 원망스럽게 쳐다본다.

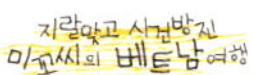

우리는 비가 그치기를 하염없이 기다릴 것인지 아니면 비를 피할 지붕도 없는 지프를 타고 세찬 비바람을 그대로 맞으며 돌아갈 것인지를 고민한다. 30분을 기다려도 비는 도저히 그칠 기세가 아니다. 기다리다 지친 사람들이 하나둘 오두막에서 파는 땡땡이 비닐 우비를 사 입고 오두막을 떠나기 시작한다. 결국 우리도 우비를 사 입고 지붕도 없는 지프에 오른다.

세찬 빗줄기를 헤치며 전력 질주로 운전하는 지프 기사는 뒤에 앉아 비바람을 온 몸으로 맞는 송이와 나의 안부를 확인하듯 백미러를 힐긋힐긋 자꾸 살핀다. 갑자기 울컥 화가 돋은 나는 지프 기사에게 버럭 소리를 지른다.

"왜? 우리 살아있어. 살아있다고! 하지만 이것 정말 너무하잖아."

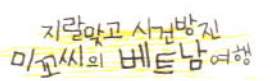

지프 기사는 버럭버럭 화를 내는 나를 보고 실없이 웃기만 한다. 결국 내릴 때 팁을 주지 않는 것으로 소심한 복수를 해버린다.

그날 저녁 비에 얻어맞은 얼굴이 밤새 화끈거려 괴로움에 잠도 제대로 이루지 못했다.

하지만 화이트 샌듄 가는 길에 보았던
황홀한 풍경을 잊을 수 없어
홀로 스쿠터를 타고서라도
다시 찾아가겠다는 꿈을 꾼다.

샌드보드

갑자기 쏟아진 폭우 때문에 망쳐버린 화이트 샌듄 투어.
며칠 뒤 지붕도 없는 지프로 낭패를 보게 했던 여행사를 찾아가 직원에게 보상차원으로 저렴하게 지프 투어를 다시 해줄 것을 요청했다. 하지만 말도 안 되는 소리를 한다고 웃기만 한다. 역시 미안함 따위는 애당초 이들에게는 없는 거다.

> '야박한 장사치 같으리라고.'

송이는 전날 흐찌민으로 떠났고, 8일간의 연휴를 맞이한 수많은 중국인들이 무이네로 밀려들어왔다. 다른 한국 여행자를 만나고 싶다며 쫑아가 치근대는데도 나는 어떻게 하얀 모래 언덕을 다시 가볼까를 고민하고 있다.
이런 우리 앞을 한국 여자로 보이는 아담한 아가씨가 스쳐 지나간다. 쫑아는 한국에서 유행하는 챙이 넓은 모자를 쓰고 있는 걸로 봐서 한국 사람임에 틀림없다고 확신하지만 나는 왠지 풍기는 분위기가 한국 사람 같지 않아 말 거는 것을 망설였다.

그러다 혹시나 하는 맘에 해변을 산책 중인 그녀를 쫓아가 '안녕하세요.' 라고 우리나라 말로 인사를 건네 보았다.

> '한국 사람이면 돌아볼 것이고, 아니라면 그냥 지나가겠지.'

파도 소리 때문에 못 들었는지 뒤를 돌아보지 않더니 다시 한 번 '안녕하세요.' 라고 인사하니까 비로소 당황한 눈빛으로 우리를 살피며 '네, 안녕하세요?' 라고 대답한다.

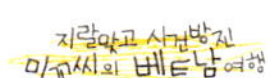

"와우~ 한국 사람 맞네요?"
"저~, 한국 사람 아니고 중국 사람인데요."

한국어로 대답하면서 한국 사람이 아니라고 말하는, 한국 사람 같은 중국 아가씨 주리나 周莉娜

북경에 사는 25살의 리나는 2년 전 서울대 대학원 법대를 다녔고, 현재는 한국법류회사 중국북경지사에서 변호사로 근무 중인 중국인이다. 한국 드라마를 보며 한국어를 공부했다는 그녀는 외동딸로 자라서 사랑을 많이 받고 자라 애교가 철철 넘치는 깜찍한 아가씨이다.

한국인인줄 알고 만난 리나를 다짜고짜 꼬드겨 지프 투어를 함께 신청하려고 여행사로 향했다. 두 번째 하는 지프 투어고, 이전에 탑도 없는 지프 덕분에 고생한 것을 강조하여 투어 가격을 1인당 1달러씩 총 3달러를 깎는다.

"당신 같은 여자는 정말 처음이야, 다음에 와서 또 지프 투어를 한다면 그때는 특별히 50% 할인해줄게."

나의 흥정하는 모습에 배꼽 잡고 웃던 리나와 지프를 타고 다시 한 번 요정의 샘, 피싱 빌리지를 거쳐 또 다시 화이트 샌듄에 도착한다.
지난번 내린 비로 우비를 샀던 오두막에서 다시 한 번 샌드보딩을 하려고 널빤지를 빌리고, 우비 가격을 흥정하며 억지 부렸던 나를 기억해주는 주인아주머니의 아들들이 우리의 널빤지를 들고 동행해준다.

아이들은 이틀 만에 다시 또 찾아온 내가 아무래도 수상해 보였는지 황당한 질문을 한다.

　　　"너, 신카페 직원이야?"

졸지에 나는 여행사에서 일하는 한국 여자가 되었지만 기분이 나쁘지는 않다. 화이트 샌듄에는 연휴를 맞은 중국인들로 넘쳐났다. 여기저기서 중국말이 계속 들리지만 리나는 우리와 함께 한국말로 대화를 한다.

　　　"언니, 언니 정말 완전 재미있어요."

먼저 샌드보딩에 도전했던 리나는 흥분된 목소리를 좀처럼 가라앉히지 못한다. 그녀의 소녀 같은 해맑은 모습에 자신감이 생기지만 짓궂은 아이들이 보드에 속도를 붙이려고 힘차게 내 등을 떠민 탓에 나는 한순간에 주르륵 미끄러져 내려가다 그대로 모래에 박혀버린다.

위에서 이를 지켜보던 일행들은 좋다고 소리치며 큰 소리로 웃어재끼고 나는 머리에도 옷에도 심지어 입안까지 모래가 씹혔지만 그저 동심으로 되돌아간 어린 아이 마냥 즐겁지 샌드보딩을 즐긴다.
리나는 이제 제법 익숙하게 보드 방향까지 조절해 가면 타지만 나는 몇 번을 다시 타 봐도 내 의지대로 방향을 조절할 수 없어 결국 체력 저하를 핑계로 타는 것을 포기한다.

화이트 샌듄에서의 샌드보딩으로 너무 많은 시간을 지체한 탓에 벌써 해가 저물기 시작했고, 우리는 다음 일정인 엘로우 샌듄Yellow Sand Dune으로 가기 위해 오두막 아이들과 작별 인사를 나눈다.

"안녕, 잘 가. 근데 내일은 몇 시에 오는 거야?"

오두막 아들은 아직도
나를 여행사 직원으로
굳게 믿고 있는 모양이다.
그런 그에게 나는 미소로 답한다.

사소한
즐거움

한 명씩 사람을 태운 바구니 배 까이뭄 ^{Chai Mum}이 줄줄이 소시지처럼 엮여져 앞선 보트
를 따라 줄지어 파도를 가르며 떠간다.
하루 종일 그 모습이 문득문득 떠올라 피식피식 혼자 웃는다.

한번 터진 웃음은 상상에 상상을 더해 실없이 자꾸 웃는 바보를 만든다.
숨 가쁘게 달려가는 현실에서는 절대 웃기지도 않을 일이,
마음의 짐을 내려놓고 여유로워지자 불어오는 바닷바람에도 웃음이 나고,
무더위에 지쳐 벌컥벌컥 들이키는 머리가 깨질 듯한 차가운 물 한 잔에도 즐겁다.

물 흐르듯 고요히 흘러가는 시간, 마음이 따뜻해지는 날들.
행복하다.

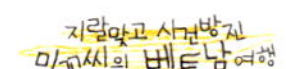

나는
이곳 베트남에서
행복하고 사소한 즐거움에
감사하는 사람이 된다.

자주 안개로 도시가 덮이고,
우기에는 하루도 쉬지 않고 비가 내린다.
달랏 중앙의 5km의 광대한 호수 주위에는
프랑스풍 파스텔 톤 건물들이 둘러싸고 있다.
365일 선선한 날씨가 이어져 예전에는 프랑스인들이 사랑했고,
오늘날에는 베트남 사람들이 사랑하는 곳이다.
1,500m에 위치한 베트남 중부의 고산 도시 달랏.

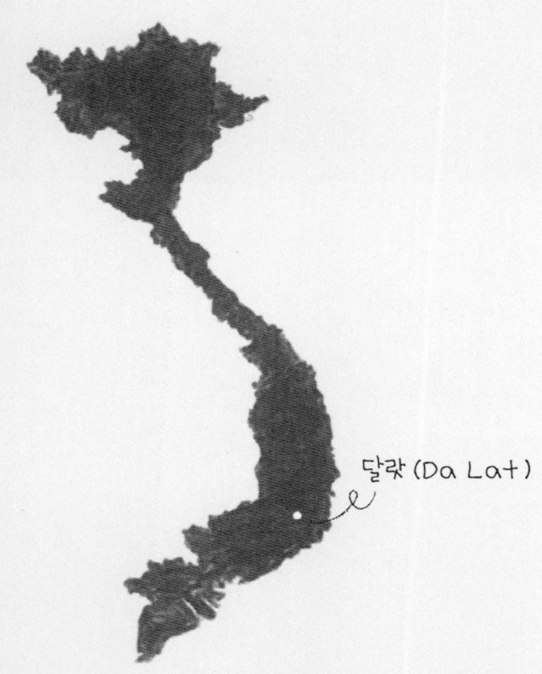

달랏 가는 길

흔들흔들 몸이 제멋대로 흔들리고, 쉴 새 없이 머리를 흔들더니 뱃속까지 울렁거리게 만든다.
달랏으로 가는 미니밴은 승객들의 몸을 제 맘대로 흔들어가며 비포장도로를 곡예 운전 중이다. 창밖 너머 보이는 도로는 마치 지진이라도 일어난 것처럼 곳곳이 움푹움푹 패여 있어 웅덩이를 피하려면 지그재그 운전이 불가피했고, 심하게 흔들릴 때마다 승객들은 작음 신음 소리를 내며 고통스러워한다.

　　　'휴~, 점심을 안 먹은 게 다행이지 뭐야.'

늦장을 부리다가 점심을 먹지 못해 아쉬웠었는데 지금 상황은 이른 다침밥 먹은 것까지 확인시켜줄 분위기다.

멀미약을 먹고 나니 조금 괜찮아졌지만 움푹 파인 구불구불 산길을 오르는 길은 뱃멀미보다 견디기가 쉽지 않다. 산길을 중턱쯤 오른 미니밴은 전혀 휴게소 같지 않은 허름한 판잣집 앞에 정차한다. 기사 아저씨는 15분간 쉬었다가 출발하니 알아서 쉬라 하지만 마땅히 앉아 쉴 곳도 없어 내린 승객들은 모두 뻘쭘하게 서 있을 수밖에 없다.

두발이 땅을 밟고 서 있으니 그제야 주변이 눈에 들어온다. 울렁거리는 속을 달래 보려고 깊게 숨을 크게 들이쉬고 내쉬기를 반복해 본다.
달랏으로 가는 길, 이제부터 남은 길이라도 제발 평탄하길 빌어보지만 나의 바람과는 달리 산을 오르는 좁은 도로에 움푹 파인 웅덩이를 피해가느라 출발부터 다시 흔들어대기 시작한다. 그냥 정신 줄을 놓는 것보다 더 좋은 멀미약이 없다는 생각에 억지로 잠을 청해보지만 그도 쉽지 않다.

해발 1,500m에 자리한 베트남 남부 지역의 고산도시로 선선한 날씨가 이어지는 곳
달랏, 그래서 사파를 연상했고 한껏 기대에 부풀었지만, 이렇게 험난한 길인 줄 알았
다면 아마도 여기 오는 것을 심각하게 고심을 했을 것이다.

얼마나 멋진 곳이 길래,
가는 길이 이리도 고통스러운 건지,
기대해보겠어 달랏!

내겐 너무 추운
달랏!

"아~악! 제발 날 때려서라도 기절시켜줘!"

쫑아에게 멀미의 고통을 호소하다가 어느 순간 잠이 들었다. 승차감이 편해진 것이 왠지 달랏에 거의 다 온 것 같아 살포시 눈을 뜨고 창밖을 바라본다. 잔뜩 흐린 날씨, 두터운 스웨터 차림에 오토바이를 탄 사람들이 도로를 지나다니는 걸로 봐서 달랏에 도착한 것이 분명하다.

원주민 말로 '랏부족의 강' 이란 뜻을 가지고 있는 달랏^{Da Lat},
'어떤 이에게는 즐거움, 어떤 이에게는 신선함을' 이라는 라틴어 'Dat Aliis Laetitiam Aliis Temperiem' 의 약자에서 유래된 이름의 달랏은 베트남 사람들에게는 죽기 전에 꼭 가봐야 할 곳이자, 신혼여행지로도 유명한 지역이다.
달랏의 중심지를 지나는 버스에서 바라본 이곳은 사파와는 사뭇 다른 대도시의 느낌이 강하게 느껴진다.

'날씨가 좋지 않아서 그래, 날씨만 좋으면 이곳도 사파 못지않게 좋은 곳일 거야.'

달랏에 대한 환상이 깨질까봐 스스로를 위로해보지만 눈에 보이는 달랏 풍경은 왠지 오래 머물지는 못할 것 같은 생각이 든다.
고산지대라 언덕이 많은 달랏은 하노이, 호찌민과는 또 다른 복잡스러움이 길마다 묻어난다. 골목골목을 돌아다니면 소소한 재미가 분명 있을 것이란 생각에 골목길부터 탐색해야겠다고 다짐해보지만 하늘은 잔뜩 심통 난 것처럼 한바탕 뭔가를 쏟아낼 기세라 마음이 불안해진다.

달랏은 같은 고산지대라도 사파와는 달리 일 년 내내 잦은 안개가 뒤덮여 있어 맑은 날을 브기 힘들고, 기온은 우리나라 가을 날씨와 비슷하지만 무더운 베트남의 다른 도시에 비해 상대적으로 너무 추워 겨울처럼 느껴졌다. 추운 날씨라면 몸서리치게 싫어하기 때문에 겨울에는 집밖으로 나가는 것 자체를 싫어하는 내가 지금 막 달랏에 도착한 것이다.

멀미로 만신창이가 된 몸과 내리자마자 엄습한 추위 때문에 숙소를 찾아보는 것도 쉽게 지쳐버려 미니밴 종점에서 봤던 신카페에서 운영하는 호텔에 짐을 풀기로 한다.

사파와 마찬가지로 서늘한 기후 때문에 달랏의 숙소에는 에어컨이 없다. 그냥 없는 것이 아니라 필요가 없다. 에어컨이 아니라 절실히 필요한 것은 몸을 따뜻하게 녹여줄 온풍기지만 그것 역시 없다.

숙소에 에어컨이나 선풍기가 보였다면 아마 참 많이도 울컥할 정도로 여태 베트남 여행 중에는 한 번도 겪어본 적이 없는 추위와 고군분투를 해야 했다.

연일 비가 내리니 더 춥게 느껴진다. 쫑아는 추위를 이기려고 레깅스를 챙겨 입고 슬리퍼대신 운동화를 신고, 숙소에서 드라이기로 하루 종일 머리를 말리거나 양말을 말리고, 옷을 말리며 숙박비를 전기료로 다 뽑아내고 있다.

우리는 추위를 이기고자 매일 저녁 룸서비스로 맥주와 안주를 시켜 마시며, 술기운에 몸이 따뜻하게 느껴지면 서둘러 잠을 청했다. 아무리 사각사각 소리가 좋은 두꺼운 이불을 덮어도 해가 떨어져 어둠이 찾아오면 온몸이 사시나무 떨리듯 자동으로 으스스해진다.

달랏이 도착한 첫날밤부터 비가 내렸고, 삼일 째 되는 날 잠시 그치는가 싶었지만 얼마 지나지 않아 다시 비가 쏟아졌다.

그리고 머무는 내내 달랏은 지독히도 추웠다.

달랏. 매일매일 비가 내리고 추운 곳.

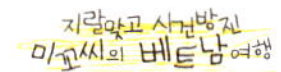

사파에서도 그럭저럭 잘 지낸 탓에 짐이 될 거라 생각하며 운동화를 버린 것이 이렇게 땅을 치며 후회할 일이 될 줄 누가 알았던가.
비가 잠깐 그친 틈을 타서 달랏시장을 둘러보기로 한다. 우선 슬리퍼 때문에 밖에만 나오면 꽁꽁 얼어버리는 불쌍한 내 발에게 운동화 하나를 사주기로 하고 시장을 어슬렁어슬렁 돌아다닌다.

서늘한 날씨가 일 년 내내 이어지는 고산지대의 달랏은 화훼, 고구마, 딸기, 호박 등 베트남의 다른 도시에서는 흔하지 않은 다양한 야채와 과일, 그리고 꽃 등을 볼 수 있다. 이곳 사람들이 부자가 많은 이유 중에는 이러한 고산지대 기후가 한 몫을 한다.
베트남 커피의 대부분이 달랏에서 재배되고, 야채와 과일 등의 농작물 또한 이곳에서 재배한 것들로 베트남 전체가 먹고 산다고 해도 과언이 아니며, 특히 딸기와 포도가 많이 재배되고 있어 달랏에서 만든 딸기잼과 달랏와인은 달랏뿐만 아니라 베트남의 유명한 관광 상품이다.

　　"호박이다, 단호박"
　　"고구마다 고구마"
　　"저기 딸기도 있어. 근데 생긴 게 맛없어 보인다."

우리는 마치 신기한 것들을 발견한 것처럼 베트남 다른 도시에서 흔하게 볼 수 없었던 과일과 야채가 눈에 띄자 들떠버린다. 달랏시장은 무언가 산뜻하고 풍부함이 넘치는 활기찬 곳이다.
신발가게를 발견하고 운동호를 살펴보지만 썩 마음에 드는 것이 없다. 자꾸 뒤적뒤적 거리기만 하는 내가 마음에 들지 않았던 가게 아주머니는 안쪽으로 들어가 컨버스화 비슷한 단화를 들고 나온다. 찍찍이가 있어 신기도 편하고 노란색 별고양이 무척이나 마음에 들어 얼른 신어본다. 생각보다 잘 어울리는 것 같아 아주머니와 가격을 흥정한다.

　　"아줌마, 얼마야?"
　　"10만동"
　　"으~혁, 너무 비싸. 6만동에 줘"

어이없다는 표정으로 나를 한 번 쳐다보더니 아주머니는 그냥 자기 할 일을 하시며 더 이상 대꾸도 하지 않는다. 무시를 당하니 안달이 나는 건 오히려 내가 되어버린다.

　　"그럼, 음…… 7만동? 7만동 어때?"
　　"안 돼, 8만동에 가져가!"

뭔가 확실하게 가격을 흥정한 것 같지 않아 못내 아쉬웠지만 그 정도 가격이면 괜찮은 가격이라는 쫑아의 말에 마지못해 사는 척 아주머니와 합의를 본다.

그렇게 나는 츠위를 이기지 못하고
사 운동화를 장만하고,
하루 종일 신이 나서
폴짝폴짝 뛰어다닌다.

김치 핫팟

중국식 전골 요리로 따뜻한 국물을 끓여 그 안에 다양한 해산물, 고기, 야채 등을 넣어 익혀먹는 요리.

러우Lau라 불리는 베트남식 전골 요리와 비슷한 '핫팟 HotPot'.

추운 달랏에서 으슬으슬해진 몸을 녹이기에는 뜨겁고 얼큰한 국물이 제격.

언덕위에 위치한 핫팟 전문 식당.

깜찍한 크기의 1인분도 주문 가능.

우리 눈을 사로잡은 메뉴는 바로 '김치 핫팟 Kim Chi HotPot'.

하지만 정말 형편없이 맛없는 김치 핫팟.

맵지 않고 달달한 국적 불명의 김치.

그래서 달짝지근해지는 핫팟 국물.

하지만 작은 화로에 담긴 고체연료 열기로 마지막 숟갈까지 따뜻하게 먹을 수 있어 으슬으슬 추운 날씨에는 제격인 달달한 핫팟 국물에 자꾸 손이 가더니 이내 줄어드는 게 아쉽다.

보글보글 끓는 달달하고 독특한 맛의 김치핫팟은
뒤 늦게 매력적으로 다가와 한국에 돌아온 후
추운 날에는 문득 생각난다.

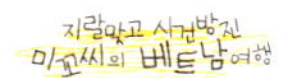

친절해서
귀찮은 웨이터

베트남 출신의 여가수 능옥란 Ngoc Lan의 이름이 붙은 호텔 스카이라운지 커피숍에서 오랜만에 돈을 좀 써볼까 했지만 생각보다 커피 가격이 저렴해서 무척 마음에 든다.
'제대로 된 서비스를 받아본 적이 그 언제였던가?'
구수한 커피 향 가득한 나름 고급스러운 하얀 커피 잔을 들고 잠시겠지만 정말 모처럼 열린 푸른 하늘과 잔잔한 쑤언흐엉 Xuan Huong 호수 옆의 번잡스러운 달랏의 모습을 내려본다.

간만에 따스한 햇살을 받으며 조용히 오후 한때의 여유를 즐기고 싶었지만 귀찮을 정도로 너무 친절한 웨이터 때문에 분위기가 깨져버린다. 이곳을 찾은 우리가 뭐가 그리 궁금한지 계속 질문을 하지만 그의 영어 발음은 여행사 가이드보다 더 알아듣기 힘들어 이내 내 귀를 닫아버린다.
하지만 그는 포기하지 않고 잠시 사라지더니 장문의 편지까지 써 가지고와 내게 건네는 친절을 베푼다.
자기는 다낭에서 대학교를 나왔고, 호텔 관련학을 전공했다고 소개한다. 그리고 매일 저녁에 필리핀밴드의 라이브 공연이 열리니까 한 번 오라는 내용이다. 하지만 필기체로 마구 흘려 써버린 영어라 이 또한 이해하는데 한참의 시간이 걸렸다.

　　　"알았어요, 고마워요"

알아듣지도 못하면서 더 이상 말을 이어갔다간 괜히 그에게 미안해질 것 같아 서둘러 웃으며 답변을 해주고 말을 끊었다. 하지만 매일 저녁만 되면 쏟아지는 비 때문에 그와의 약속을 끝내 지키지 못했다.

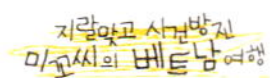

며칠 후 달랏 대학교 언덕길에서 우연히 그와 마주쳤다. 여전히 그의 말은 알아들을
수 없었고, 그저 웃어주며 바이바이 인사를 나누고 헤어져야 했다.

간만에 친절한 베트남 사람을 만났지만, 말이 통하지 않아
아쉽게도
우리는 친구가 되지 못했다.

달랏 대학교

가이드북에 소개된 커다란 닭 모양의 동상 사진이 무척 인상적인 치킨 빌리지Chicken Village를 꼭 가려고 했다. 그래서 몇 군데 여행사를 돌아다녀봤지만 너무 멀다는 이유로 못 가겠다며 다른 투어만을 권한다. 그럼 커피농장에라도 가자고 했지만 이건 또 제철이 아니라 못 간다고 한다. 하지만 나중에 알고 보니 여행사에서 내게 거짓말을 한 것이었다. 결국 마음에 들지도 않는 투어를 하는 것보다는 차라리 호수 주변을 돌며 달랏 대학교나 둘러보자고 마음먹었다.

호수 근처에 거의 다다르니 무심한 하늘에선 비가 한두 방울씩 떨어진다. 빗방울에 식겁한 쫑아는 신발이 젖는다며 혼자 숙소로 돌아가고 나는 홀로 호수 주변을 돌며 여유롭게 산책에 나선다.
샛길의 언덕길을 한참 올라가야만 하는 달랏대학교, 가파른 언덕길을 씩씩거리며 터벅터벅 걸어 올라간다. 마주치는 대학생들에게 먼저 인사를 건넬 힘도 없다. 그렇게 힘겹게 30분쯤 올라가니 드디어 눈앞에 달랏대학의 교문이 보인다.

　'뭐야, 우리나라 고등학교 교문만도 못하네.'

우리에게는 한국어학과가 있어 유명해진 대학으로 1만 명 남짓의 학생들이 다니는 달랏대학교는 지금은 방학기간인지 캠퍼스 안이 너무도 한산하다. 음산한 날씨와 대학 건물 안쪽의 을씨년스러운 소나무 숲 때문인지 활기찬 젊음이 느껴지기보다는 오히려 얼른 이곳을 벗어나고 싶다는 공포감이 밀려와 서둘러 캠퍼스를 빠져나온다.

베트남에서 대학 캠퍼스의 젊은 혈기를 느껴보고 싶었지만 이것도 달랏에서는 허락되지 않는다. 하지만 역시 대학교 주변이라 카페와 식당들이 눈에 많이 띈다. 예전 시골 다방에서나 볼 수 있었던 색색의 낮은 소파가 있는 카페, 당구대로 대학생들을 유

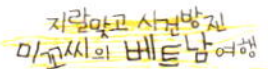

혹하는 카페, 건물 옥상에 야외테이블을 설치하
여 대학가 주변을 한눈에 바라볼 수 있는 스카이
카페 등 다양한 카페를 만난다. 사실 카페라고 부
르기에는 초라하고, 다방이라 부르기에는 조금
캐주얼한 모습들이다.

캠퍼스처럼 대학가 역시 사람들이 많지 않아 한
산하다. 지나다니는 학생들은 교복을 입은 초등
학생이나 중고등학생들 뿐이고 외국인에게 호의
적이라는 달랏 대학생들은 만날 수가 없었다.

'달랏에서는 지지리 운도 따르지 않네. 가는 곳마다 장날이야.'

숙소로 돌아가기 전 힘든 다리를 잠시 쉬어가기 위해 몇몇 현지인들이 앉아 있는 노천 카페로 들어간다. 팔걸이가 있는 자그마한 플라스틱 의자에 겨우 엉덩이를 깊숙하게 밀어 넣고 앉는다. 과일이 풍부하다지만 이곳에 와서 호텔 조식 뷔페를 제외하면 제대로 과일을 먹어본 적이 없었던 나는 얼씨구나 하고 딸기 셰이크를 주문한다. 힐끔 힐끔 쳐다보는 주위의 청년과 아가씨에게 눈웃음으로 인사를 대신한다.
하지만 그들은 나의 어색한 미소가 마음에 들지 않았는지 바로 고개를 돌려버린다.
가게 아주머니만 즉석에 갈아 만든 딸기 셰이크를 건네며 내게 미소를 지어주신다.
추운 날씨만 아니었다면 달콤한 맛에 반해 한 번에 들이켰을 텐데, 한 모금 마시고 나니 머리까지 띵하게 얼어버릴 것 같아 찔끔찔끔 한 모금씩 천천히 나눠 마신다.
나는 딸기가 좋다.
딸기만의 새콤하면서 달콤한 강한 향기가 좋고, 빨간 딸기를 한입 베어 물면 나오는 하얀 속살과 동글동글 역삼각형의 모양도 예쁘다. 그리고 딸기 우유, 딸기 사탕, 딸기 아이스크림, 딸기 잼, 딸기 웨하스 등 딸기 본연의 것도 좋지만 딸기로 만든 것이면 일단 뭐든 좋다.
설탕물대신 연유와 우유로 만들어 핑크 빛 달랏의 새콤달콤한 딸기 셰이크!
딸기 셰이크 한 잔으로 기분을 전환해본다.

나를 기다리고 있을 쫑아를 떠올리며
숙소로 발길을 옮긴다.

'점심먹자 쫑아야!'

머피의 법칙

아마도 달랏에서 가장 많은 시간을 두고 갈등을 한 것 같다.
달랏에 있는 동안 좋지 않은 날씨 때문에 거의 대부분의 시간을 숙소에서만 지내야 했다. '내일은 틀림없이 날씨가 좋아질 거야!' 라고 기대를 해도지만 하늘은 내편이 아닌지 어김없이 우중충하다가 꼭 비를 내렸다.

맛깔스러운 한국 음식을 만드시는 한국 음식점 '궁' 사장님이 강력하게 추천한 커피 농장. 그놈의 커피 농장을 꼭 가보고 싶은 마음에 달랏을 떠나야 할지말지가 매일 고민되더니 계속 내 발목을 붙잡는다.
사장님은 일본 가이드북에만 소개되어 있다는 커피 농장 가는 길을 상세하게 알려주셨지만, 계속 내리는 비 때문에 겨우 달랏 중심지 주변만 돌아다닌다는 것이 너무나 속상하다.

결정의 날, 역시 달랏의 하늘은 우리를 버렸다.
하루 종일 내리는 비를 보며 나는 모든 걸 포기하고 냐짱으로 가는 버스를 다음날로 예약해버린다. 지금은 포기하는 것이 최선의 결정이라고 스스로 위로하지만 만일 내일 거짓말처럼 날씨가 화창해진다면 난 미쳐버릴지도 몰라.

'그랬다. 늘 불길한 예감은 어찌 그렇게도 딱 맞아 떨어지는지. 이럴 줄 알았다.'

달랏을 떠나는 이른 아침, 언제 비가 왔었냐는 듯이 새파란 하늘에 햇볕까지 따스하게 내리쬔다.
뭐, 한 마디로 좌절의 순간이다.

‘어쩔 수 없다. 운이야, 운이 따르지 않는 걸 내가 어떻게 하겠어?’
‘괜찮아! 잘 결정한 거야.’
‘아마 내가 버스를 포기하고 커피 농장으로 향하면 틀림없이 또 비가 올 거야.’

스스로를 이런저런 생각을 하면 달래보지만 괜한 억울함에 짜증이 확 밀려온다. 아마 나 혼자였다면 냐짱행 버스표를 포기하고 커피 농장을 향했겠지만 추위와 비에 지쳐 버린 좋아를 생각하면 더 이상 머물 수는 없었다.

냐짱으로 가는 길은 긴 비 끝이라 그런지 하늘도 너무 맑았고, 베트남 여러 도시를 이동하면서 봤던 풍경 가운데 가장 가슴 벅찬 감동으로 나를 유혹한다. 달리는 버스에서 창밖으로 비친 화창한 풍경을 그저 바라볼 수밖에 없다는 것이 내 맘을 너무도 불편하게 한다.

　　‘어찌하여 내게 이런 시련을 주는 건지’

하늘을 원망해본다.

연일 비 때문에 몰랐던 고산지대 달랏만의 매력이 달리는 버스에서 자꾸 눈에 밟힌다. 달랏 중심지를 벗어나자 자연과 함께 어울려 사는 사람들을 보니 이제는 하늘이 아닌 하루를 더 참지 못한 나를 원망하게 된다.

　　‘머피의 법칙이야. 나의 샐리는 어디에?’

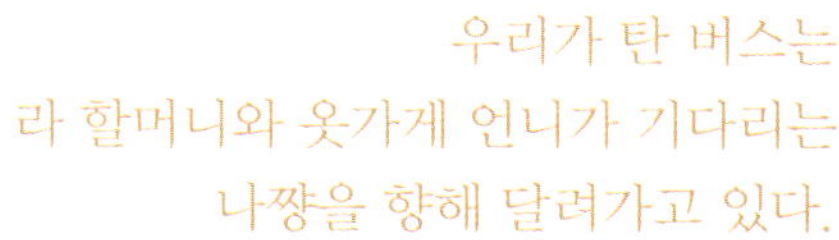

우리가 탄 버스는
라 할머니와 옷가게 언니가 기다리는
나짱을 향해 달려가고 있다.

그날의 내 기억들, 내 추억들을
어떻게 시작해야 할까.
어떻게 말해야 할까.
낯선 길에서 마주한 가장 아름다운 순간의 기억들을.
그러나 당신에게는 아무것도 아닐 수 있는 이야기들을.

누구처럼 인심 후한 집주인이 내어준 지붕 위에서 잠을 청하는 건 차마 하지 못한다.
누구처럼 지도에도 표시되지 않은 곳을 찾아 갈 만큼의 용기가 내겐 없다.
누구처럼 1년 동안 집밖을 나가 세상 여기저기를 떠돌아다닐만한 배짱도 없다.
그래도 나는 한 해 중 반년 이상을 한국이 아닌 이국땅에 머문다.
게으른 성격이라 누구처럼 이 나라 저 나라 부지런히 다니지도 못한다.
게을러서라는 말이 정확히 맞는지는 나도 모르겠다.
내가 머물던 곳에서 또 다른 곳으로 떠나는 것이 내게는 쉬운 일이 아니다.
무언가 두고 온 느낌이 떠나기 직전 밀물처럼 밀려와 자꾸 뒤를 돌아보고 돌아보다
결국, 내 발목을 스스로 붙잡아 며칠을 더 머물다보니 나는 본의 아니게 게으른 여행
자가 되어버린다.

오늘은 무슨 일이 일어날까 기대를 하며 자전거를 타고 만나는 풍경과 사람들 속에
서 기뻐하고, 즐거워하는 나는 그런 여행자다.
나와 비슷한 혹은 전혀 다른 사람들을 만나 눈으로 몸짓으로 말을 섞는다.

가슴 뛰게 만든 그들도
눈부시게 빛나던 한낮의 모습도
살랑살랑 불어오는 바람도
손끝에 닿을 수 없었던 밤하늘도
그곳에서 그들을 만나 함께 살아 숨 쉬고 있다는 것에 감사하마.

어느 날 갑자기 뜻하지 않은 공간과 시간 속에서.
떠나니 만나고, 놓으니 얻게 된다.
사람에 대한 집착을 놓으니 사람이 다가오고,
사랑을 놓으니 사랑도 찾아온다.
그대들과 함께 했음에, 사랑할 수 있음에 감사할 수 있는,
세상은 그래서 살만하다.

여행은 선택이 아니었다. 운명이었다.
오늘도 낯선 땅에서 낯선 사람들과 나만의 소통 방식으로 그들과 함께 웃는 꿈을 꾼다.
만나고 헤어지고 다시 돌아와 그리워하다가 결국 열병을 앓고 내 몸집보다 커다란
배낭을 메고 나는 이 모든 것을 다시 반복하러 떠난다.

뚜렷한 목적지도 없이 바람 부는 대로 걸음걸음을 옮기는 나만의 여행을 또 다시
시작하려 한다.

여행할 목적지가 있다는 것은 좋은 일이다.
그러나 중요한 것은 목적지가 아니라 여행 그 자체이다.

미국 작가 어슐러 크로버 르 귄

G7 COFFEE
INSTANT COFFEE
The Unique
know-how
OF GREEN COFFEE BEANS
www.hellovina.co.kr

"지세븐(G7)커피사고, 1년먹을
지세븐(G7)커피를 무료로 푹짐하게 즐기자!"
★ MISSION 1. 지세븐커피(G7)를 구매한다!!
★★ MISSION 2. 매월 7일, 17일, 27일!!
헬로비나 사이트에서 당첨자발표를 기다린다.

BIG EVENT
맛과 향이 좋은 커피 G7
G7커피사고, 1년먹을 G7커피를 무료로 푹짐하게 즐기자!

Event Info.

추첨인원 10일에 한명씩 추첨! 숫자 7이 들어간 날에 무조건 1년분 커피증정!
추첨대상 하나. 금액 상관없이 모든 구매고객 해당.
두울. 당첨발표일 이후 구매고객부터 - 다음 발표일 마감 구매고객에 한하여 선정.
기간내(10일간격) 전 구매고객에 한하여 대상 선정.
세엣. 커피 1년분 당첨자는 사전 전화통화 후 리뷰가능한 고객에 한하여 진행 (사진 3매 이상 + 사용후기 800자 이상)
리뷰경험이 없거나 불가능한 경우에는 올인원 선물세트 1set 와 기타선물세트(고객선택) 1set 증정.
당첨자발표 매월 7일, 17일, 27일 홈페이지 공지참조

맛과 향이 좋은 커피 G7
G7 3in1 인스턴트 오리지널 커피 24sticks
384g (16g x 24sticks)

TRUNG NGUYÊN

제품명 G7 3in1 인스턴트 오리지널 커피
중 량 384g (16g x 24sticks)
특 징 G7 인스턴트 커피는 본래의 달콤한 커피믹스로
독특한 커피향이 나며 마신 후 텁텁한 뒷맛이 없어
우리나라 커피믹스와는 다른 색다른 맛과 향을 느끼실
수 있습니다. 또한 코코넛 밀크가 함유되어 있어 부드
럽게 즐기실 수 있습니다.

NAVER 지세븐 을 검색하세요

원장님들이 **라식수술** 받은 그 병원이죠?

"선생님은 왜 수술 안 받으세요?"

그러면 성형외과 선생님들은 본인이 쌍꺼풀 수술 받나요?
하면서 우스갯소리로 넘어가곤 했습니다.

안과의사인 저 역시 미세한 수술에 대한 막연한 두려움이 있었습니다.
막상 내가 수술을 받는다고 생각을 하니 긴장되고 불안한 마음이
드는것은 어쩔 수 없었습니다.

그 순간에는 저도 똑같은 환자의 입장이었으니까요.
타기종보다 2~3배이상 빠른 알레그레토 400Hz Blue line을 직접 환자로서
경험해 보니 정말 수술시간이 짧은 순간이었습니다.

본원에서 라식수술을 받았던 환자들이 너무 좋다며 안경 쓰던 저에게 라식수술
을 받으라고 권했었는데 왜 그동안 안 했을까 하는 생각이 듭니다.

원장님들끼리 서로 수술을 해준 병원,
더욱 믿음이 가는 안과 –강남하늘안과